珠宝首饰设计与制作工艺全书

郑茜玥 著

联合公社珠宝工作室

电子工业出版社·
Publishing House of Electronics Industry
北京·BEIJING

未经许可，不得以任何方式复制或抄袭本书之部分或全部内容。

版权所有，侵权必究。

图书在版编目（CIP）数据

珠宝首饰设计与制作工艺全书 / 郑茜玥著. -- 北京：电子工业出版社, 2025.3. -- ISBN 978-7-121-49873-2

Ⅰ. TS934.3

中国国家版本馆CIP数据核字第2025T668V1号

责任编辑：王薪茜　　特约编辑：马　鑫
印　　刷：天津市银博印刷集团有限公司
装　　订：天津市银博印刷集团有限公司
出版发行：电子工业出版社
　　　　　北京市海淀区万寿路173信箱　　邮编：100036
开　　本：787×1092　1/16　印张：12.25　字数：333.2千字
版　　次：2025年3月第1版
印　　次：2025年3月第1次印刷
定　　价：79.90元

凡所购买电子工业出版社图书有缺损问题，请向购买书店调换。若书店售缺，请与本社发行部联系，联系及邮购电话：（010）88254888，88258888。

质量投诉请发邮件至 zlts@phei.com.cn，盗版侵权举报请发邮件至 dbqq@phei.com.cn。

本书咨询联系方式：（010）88254161～88254167转1897。

前言 PREFACE

随着时代的演进,越来越多的珠宝行业从业者和爱好者渴望设计并打造个性化的珠宝。在这一学习认知的过程中,书籍成为获取关键知识的有效途径。市场上关于珠宝设计和制作工艺的书籍琳琅满目,但对于初入行或零基础的珠宝爱好者而言,由于缺乏对珠宝设计和制作技巧的深入理解,他们可能会对某些步骤产生误解,导致在职业选择和深入学习时出现方向性偏差,经过长时间的摸索才逐渐明白如何实现自己心中的珠宝效果。本书旨在解决如何将预想的珠宝效果通过恰当的方法实现,以及分享这些方法的基本操作步骤,内容覆盖了从传统手工制作到现代科技革新的多种方法。

起初,我曾犹豫,考虑到行业内有众多资深前辈和工艺大师,自己撰写此类书籍是否显得冒昧。但经过深思熟虑,回想起自己从业初期在制作工艺上的摸索和得到前辈们的无私指导,我决定将自己所了解的珠宝设计和制作知识进行整理,为那些对珠宝设计和制作感兴趣的新手提供一个基础的入门指南。在快速消费的时代背景下,我希望让更多人看到,仍有一群人在坚守这项结合创作与工艺、既费时又费力的工作。同时,为那些已经入门但仍在探索方向的珠宝设计师和爱好者提供参考,激发更多技艺精湛的珠宝设计师和工匠脱颖而出,让他们在珠宝行业的辉煌成就得到更广泛的认可和理解。

本书详细介绍了珠宝制作工艺,涵盖了从传统到现代的多种制作方法,包括金工起版、雕蜡起版、计算机起版等不同的起版技术,以及执模、镶嵌、抛光、镀金等后续工艺的基本操作和应用。书中还包含了传统錾刻工艺的步骤解析,以及一些设计成品的展示和制作过程中的注意事项。

我认为,无论是珠宝设计师还是爱好者,深入了解珠宝设计与制作的工艺之间的联系,将有助于提升作品和设计的效果,减少设计与制作之间的不匹配,以及工艺限制设计或工艺无法充分展现设计等问题,让优秀的设计理念得以完美呈现。我坚信,随着珠宝行业的发展,将有更多杰出的设计师和工艺师崭露头角,为珠宝艺术增添光彩。

目录 CONTENTS

CHAPTER 1
珠宝首饰设计与制作——基础篇

1.1 珠宝首饰设计 ... 2
1.2 珠宝首饰制作工艺流程 ... 3
    1.2.1 金工起版首饰生产工艺流程 ... 3
    1.2.2 手工雕蜡浇铸首饰生产的工艺流程 ... 5
    1.2.3 计算机起版首饰生产的工艺流程 ... 8

CHAPTER 2
金属工艺基础技法

2.1 认识金属——银 ... 12
    2.1.1 纯银 ... 12
    2.1.2 925 银 ... 12
2.2 认识金属——金 ... 13
    2.2.1 黄金 ... 13
    2.2.2 K 金 ... 13
    2.2.3 铂金 ... 14
2.3 新型金属的发展和使用 ... 15
2.4 平面錾刻工艺（仅限首饰制作）... 16
    2.4.1 工具与设备 ... 16
    2.4.2 錾刻工艺流程 ... 21
    2.4.3 基础镶嵌技法及实例 ... 26

CHAPTER 3
金工起版首饰制作技法

3.1 金工起版的制作方法 ... 34
    3.1.1 工作室安全须知 ... 34
    3.1.2 转印的方法 ... 35
    3.1.3 测量工具的使用 ... 37
    3.1.4 剪裁工具的使用 ... 38
3.2 锯切工具的使用 ... 40
    3.2.1 锯子与锯条 ... 40
    3.2.2 直线的锯切方法 ... 42
    3.2.3 曲线与转角的锯切方法 ... 43
3.3 锉修技法及工具的使用 ... 47
    3.3.1 锉 ... 47
    3.3.2 锉修 ... 48
3.4 打磨与抛光技法及工具的使用 ... 49
    3.4.1 砂轮机与胶轮 ... 49
    3.4.2 砂纸锥 ... 51
    3.4.3 砂纸飞碟 ... 52
    3.4.4 金刚砂针 ... 54
3.5 锉修、打磨、抛光技法制作案例 ... 54
3.6 铆接技法 ... 57
3.7 压延与拉丝 ... 58
    3.7.1 压延 ... 58
    3.7.2 线材 ... 62
    3.7.3 管材 ... 63
3.8 焊接 ... 64
    3.8.1 焊接的方式 ... 64
    3.8.2 焊剂 ... 64
    3.8.3 稀酸配置 ... 65
    3.8.4 烧焊步骤 ... 66
    3.8.5 控火技巧 ... 68
    3.8.6 烧焊技巧 ... 70
3.9 拉丝与焊接技法结合设计制作案例：链条 ... 72
3.10 金属线材扭转设计制作案例：手链 ... 76

3.11 压片及压片纹理设计制作案例：
　　 耳环　　　　　　　　　　　78
3.12 表面装饰　　　　　　　　　79
　　 3.12.1　肌理　　　　　　　79
　　 3.12.2　打磨抛光　　　　　82
　　 3.12.3　电镀　　　　　　　83
　　 3.12.4　做旧　　　　　　　83
　　 3.12.5　喷砂　　　　　　　85
　　 3.12.6　压光　　　　　　　85

CHAPTER 4
雕蜡起版首饰制作技法

4.1 雕蜡起版的制作方法　　　　87
　　 4.1.1　失蜡浇铸的原理　　　87
　　 4.1.2　蜡的种类及基础工具　90
　　 4.1.3　雕刻立体造型的技巧及注意事项　94
4.2 雕刻技法　　　　　　　　　98
　　 4.2.1　雕刻镶口　　　　　　98
　　 4.2.2　雕刻基础爪镶　　　　99
　　 4.2.3　雕刻包镶配件　　　　101
　　 4.2.4　雕刻爪镶嵌配件　　　104
　　 4.2.5　雕刻共爪镶配件　　　105
　　 4.2.6　浇铸半成品　　　　　109
　　 4.2.7　雕蜡起版与金工起版的结合　110

CHAPTER 5
计算机起版首饰制作技法

5.1 计算机起版的原理及流程　　114
5.2 CAD 建模起版的发展及运用　116
5.3 3D 建模软件的运用　　　　　117
5.4 移动设备对首饰建模的影响　120
5.5 3D 打印技术的运用　　　　　122

CHAPTER 6
首饰特殊工艺与制作

6.1 镶嵌工艺的进阶技法　　　　124
　　 6.1.1　素面宝石的琢型　　　124
　　 6.1.2　刻面宝石的琢型　　　124
　　 6.1.3　包镶进阶及延展　　　125
　　 6.1.4　爪镶进阶及延展　　　127
6.2 微镶的基本操作方法　　　　129
　　 6.2.1　微镶技法及使用工具　129
　　 6.2.2　铲边镶　　　　　　　132
　　 6.2.3　虎口镶　　　　　　　133
　　 6.2.4　起钉镶　　　　　　　135
　　 6.2.5　隐秘式镶嵌的原理　　140
　　 6.2.6　镶嵌与珠宝　　　　　141
　　 6.2.7　珐琅上釉　　　　　　145
　　 6.2.8　铸造　　　　　　　　147

CHAPTER 7

首饰设计与制作案例解析

7.1 珍珠胸针坠　　　　　　　149

7.2 爪镶戒指　　　　　　　　151

7.3 包镶元素耳针　　　　　　156

7.4 两用首饰　　　　　　　　158

7.5 手链　　　　　　　　　　164

7.6 袖扣　　　　　　　　　　168

7.7 手镯　　　　　　　　　　170

CHAPTER 8

设计作品赏析

1.《美人鱼的眼泪》　　　　　176

2.《海岸线》　　　　　　　　178

3.《天使》　　　　　　　　　180

4.《鲸鱼》　　　　　　　　　182

5.《平安》　　　　　　　　　184

6.《一半海水一半沙漠》　　　186

7.《追赶日月，不茍于山川》　188

CHAPTER 1
珠宝首饰设计与制作——基础篇

1.1 珠宝首饰设计

珠宝首饰设计师是专门利用贵金属、珠宝及其他材料创作独特首饰工艺品的专业人员。他们的工作范围涵盖首饰设计创意构思、计算机辅助设计、手工制作与工艺精进，以及贵金属首饰的设计与创意实践。

对于珠宝设计师而言，珠宝手绘技艺是一项至关重要的表达工具。但除此之外，深入掌握制作工艺知识同样不可或缺。珠宝设计与众不同的地方在于，其设计理念必须依托具体的实物来展现。否则，即便设计理念再新颖，若无法付诸实践，便只能是空中楼阁，失去了设计的意义。

在设计领域，珠宝绘画及表现技法是基础中的基础。而谈及珠宝手绘，其方法和工具已随着时代发展而变得多样化，数字手绘便是其中的新兴方式。传统手绘在 1:1 设计制作、直观记录设计过程以及收藏设计资料方面有着独特的优势。相较之下，现代数字手绘，如借助 iPad 或计算机等工具，则以其便携性和工作环境的灵活性脱颖而出。特别是当数字手绘与计算机 CAD 起版技术相结合时，所呈现的图像精度更高，细节校对更为精准，从而大幅减少了设计与成品之间的误差。

综上所述，选择传统手绘还是数字手绘，主要取决于设计师的个人偏好和具体的设计需求。

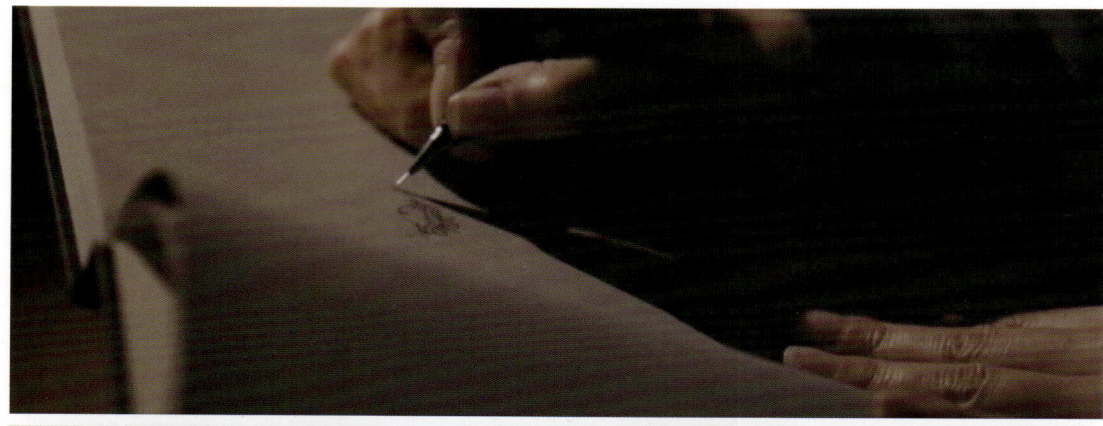

《蝴蝶》（材质：18K 黄金、翡翠、月光石、珍珠等，作者自有工作室设计制作）

1.2 珠宝首饰制作工艺流程

不同的制版方式在珠宝首饰制作工艺流程中各具特色，流程也有所差异。

1.2.1 金工起版首饰生产工艺流程

金工，通常指金属加工，而在首饰制作领域，它特指金属工艺。这一工艺涉及使用基础的工具如锉刀、锯子，以及焊接和塑形等技术，来直接加工金属并制作出精美的首饰。

其主要制作流程包括：首先，熔化金或银等金属材料，随后将其压制成片状。接着，通过锯切、錾刻等精细手法，塑造出所需的基础形状和细节。之后，运用焊接、铆接等技术将这些部件巧妙地组合在一起。若设计中有镶嵌需求，则在完成镶嵌工序后，进行后续的表面处理，包括打磨、抛光，或者做旧、电镀等工艺，以打造出理想的外观效果。最终，经过这一系列精湛的工艺步骤，我们便能得到令人心动的首饰成品（需要注意的是，某些物理性质不适宜进行电镀或抛光等处理的宝石，应在最后阶段进行镶嵌）。

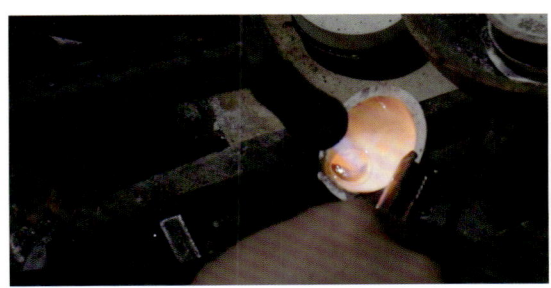 

熔银料

总的来说，这是一种直接加工金属的首饰制作方法，过程中不使用雕蜡后失蜡浇铸或计算机起版等辅助手段。至于最后的镶嵌、打磨、抛光等表面处理方法，则与其他制作方法基本相同，无明显区别。

压片

退火

锯切（将一位小朋友的画作做成吊坠饰品，作者自有工作室制作）

金工起版的特点如下。

1. 优点

※ **技术门槛适中**：此方法对设备和一部分现代技术的依赖度不高，主要依赖传统首饰制作的常用工具和器材。对于初学者或希望快速投入工作的手工首饰制作者而言，其门槛相对较低，更易于上手。

※ **独特质感**：与批量浇铸的商业产品相比，采用该方法制作的首饰，在形状、款式、厚度和重量上均展现出独特之处，更富有手工艺品的温度和个性。

锯切出不同层次的银片焊接组合并做旧打磨后的成品

※ **制作流程简便**：在制作过程中，所有片材和条材的锯切焊接部分都经过精细打磨，压片或錾刻的图案部分基本光滑，无须过多打磨即可达到抛光要求。这相较于手工雕蜡或计算机起版后再进行 3D 打印喷蜡浇铸的方法，省去了大量后续处理的麻烦。

※ **细节处理优势**：金工起版的首饰在细节处理上更为简便，不像其他工艺那般需要反复打磨、

补焊,且形变风险较低。

2. 缺点

※ **材料损耗难以预估:** 由于金工起版的首饰是通过不同片材和条材的塑形焊接组合而成的,其初始重量难以准确预估。制作过程中的锯切、打磨和锉修都会导致材料损耗,尤其当使用成本高昂的贵重金属时,这种损耗尤为显著。

※ **技艺限制:** 对于技艺不够精湛的制作者,该方法主要适用于制作相对基础的手工款和平面首饰。对于精度要求更高、造型更立体的首饰或珠宝,则需要长时间的经验积累和技艺提升才能达到理想效果。

总之,该制版方法在保持传统手工艺魅力的同时,也面临着现代技术和市场需求带来的挑战。

1.2.2 手工雕蜡浇铸首饰生产的工艺流程

浇铸首饰,尤其是采用失蜡浇铸法制成的首饰,其制作流程精细且独特。以手工雕蜡法为例,首先精心雕刻蜡版以制作蜡模,随后将蜡模种入蜡树并稳妥地放置于金属罐中。接下来,向罐内灌满石膏并确保排出所有气泡,之后静置等待石膏完全凝固。随后,通过加热将蜡熔化,并立刻将金属溶液注入石膏模内。待金属溶液凝固后,便可取出形成的半成品金属件。最后,剪断水口,并依次进行执模、镶嵌以及抛光等精细工序,最终打造出璀璨夺目的首饰。

种入蜡树

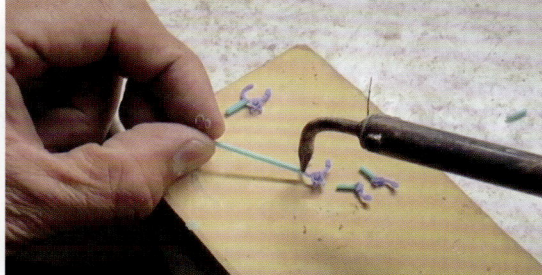

注石膏浆液、真空处置

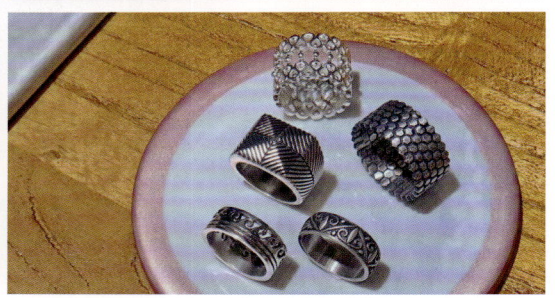

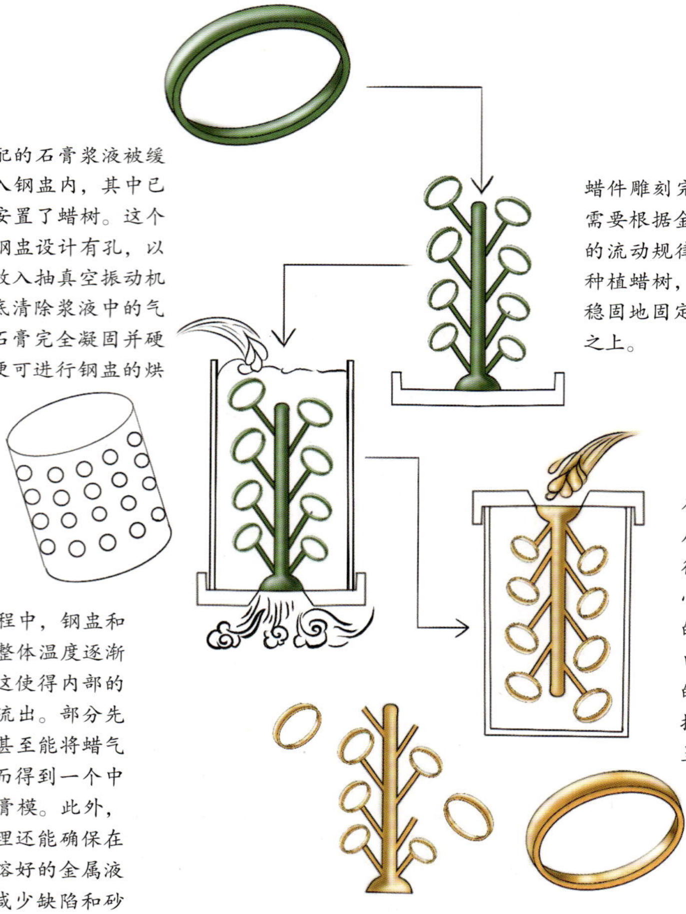

经过调配的石膏浆液被缓慢地注入钢盅内，其中已稳妥地安置了蜡树。这个特制的钢盅设计有孔，以便将其放入抽真空振动机中，彻底清除浆液中的气泡。待石膏完全凝固并硬化后，便可进行钢盅的烘焙工序。

蜡件雕刻完成后，需要根据金属液体的流动规律，精心种植蜡树，并将其稳固地固定在胶底之上。

烘焙过程中，钢盅和石膏模整体温度逐渐上升，这使得内部的蜡得以流出。部分先进设备甚至能将蜡气化，从而得到一个中空的石膏模。此外，升温处理还能确保在浇铸已熔好的金属液体时，减少缺陷和砂眼的产生。

在浇铸环节，我们将金属液体精确浇入模具中。待金属完全成型后，便小心地砸开石膏，取出完整的金属树。随后，剪去水口，对金属配件进行精细的执模处理。最后，经过抛光工序，闪耀的成品便呈现在我们眼前。

失蜡浇铸法示意图

◀ 6

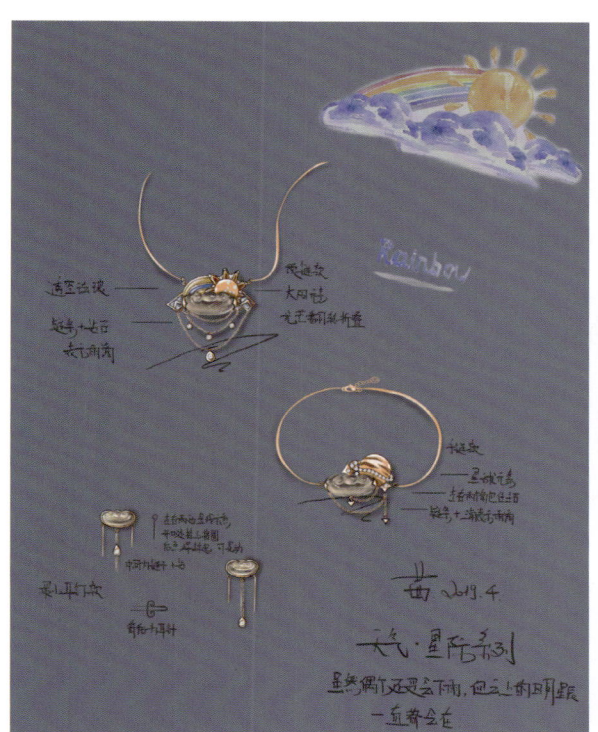

《天气·星际》系列（材质：18k 玫瑰金、翡翠、钻石、珐琅，作者自有工作室设计制作）

雕蜡浇铸法具有独特的特点。

1. 优点

※ 能够相对容易地制作出立体雕刻类的首饰，不仅局限于平面作品。

※ 当技术娴熟时，可以制作出精细的雕件、镶口，以及雕刻出立体或平面的动物或人物。

※ 避开了金属塑形的复杂过程，利用相对柔软的蜡材精雕细琢所需的细节，从而在一定程度上简化了工艺难度。

2. 缺点

※ 尽管蜡材料柔软，但某些易于雕刻的种类（如普通绿蜡）却相对脆弱，易损坏和断裂，且缺乏延展性。这要求制作者对材料有深入的了解。

※ 其他柔软的蜡材料虽然可以形变，但在雕刻细节时却显得力不从心。

※ 虽然此方法避免了金属塑形的步骤，但仍然需要长时间的实践和技艺积累。

※ 制作过程中，所有的细节都需手工精雕细琢，这使得在雕刻过于精致细小的图案时难以把控。与计算机制版或直接在金属上雕刻的效果相比，会存在一定的差异。

※ 在倒模过程中，可能会遇到缩水问题，特别是在制作组合件或大型立体雕刻时，如大件分模后的焊接和组装等，这些问题在手工雕蜡后失蜡浇铸的流程中尤为突出，对工匠的经验和工艺水平有较高要求。

中国翡翠神工奖手工奖杯（作者自有工作室制作）

此方法的核心工艺是手工雕蜡后进行失蜡浇铸成型。在制作全立体空心造型时，需要进行分件处理。然而，由于金属件的大小不同，缩水率也会有所不同，这可能导致分件在后续无法完美组合成一个整体，从而增加了焊接和执模等后续工序的难度。同时，不同材料之间的缩水差异也是一个需要面对的挑战。

1.2.3 计算机起版首饰生产的工艺流程

通过运用各种计算机 3D 建模软件，我们能够制作出所需的精准 3D 文件。随后，借助高精度的 3D 打印机，获得首饰的初步蜡模。接下来，采用失蜡浇铸的方法，可以进一步得到贵金属的半成品。在经过镶嵌、打磨、抛光等精细工艺的处理后，最终得到精美的首饰成品。

《海浪》（材质：18k 黄金，作者自有工作室设计制作）

计算机起版法具有独特的特点。

1. 优点

※ 细节表现极为精致，能够在 3D 打印机的极限厚薄范围内实现任意设计。

※ 在建模阶段，就可以精确掌握首饰在不同材质需求下的重量、尺寸、厚度等关键特征。

※ 特别适用于贵金属制作，因为它能够精确控制材料用量，从而有效管理预算。

※ 能够在制版过程中准确计算和配置宝石的数量与尺寸，无须手动测量，确保了精确度。

※ 对于分件焊接的标记以及开合卡扣等复杂机构的制作，此方法误差小，具有显著优势。

2. 缺点

※ 如果设计超出了 3D 打印机的可打印范围（过宽或过窄），则无法实现所需的图案和细节。

※ 由于缺乏实物参考，经验不足的制作者可能难以把握首饰的细节比例和厚薄比例。

※ 此方法更适用于制作平直规整或重复对称的图案。对于需要展现柔软灵动和丰富层次感的立体效果，对制版人员的技术要求较高，制作难度也相应增大。

随着科技的不断发展，虽然已经出现了能够更便捷地制作立体具象效果的软件和工具，但未来 3D 技术是否能完全替代手工制作仍然是一个未知数。作者认为，每种制版方法都有其独特且不可替代的特点，具体选择哪种方法还应根据所需制作的首饰进行具体分析。

《槐序》（材质：18k 白金、碧玺、钻石，作者自有工作室设计制作）

CHAPTER 2
金属工艺基础技法

2.1 认识金属——银

银，这一自古便为人们所熟知并利用的金属，是贵金属中的重要一员。因其常展现出洁白的色泽，故又被人们亲切地称为"白银"。银的特性包括出色的延展性、导热性以及导电性。

纯银呈现雪白的色彩，拥有高达 94% 的对 550mm 光的反射率，散发出迷人的金属光泽。其质地柔软，但在掺入杂质后会变得坚硬。纯银的比重为 10.5，熔点为 960.5℃，沸点则高达 2160℃。在莫氏硬度计上，它的硬度范围为 2.5~2.7。此外，纯银可溶于硝酸和硫酸。

银的延展性极佳，可以被压制成极薄的形态，如银片或银箔，甚至能达到 0.3μm 厚的透明程度。在技术和设备的支持下，仅 1g 的银粒便可被拉伸成约 2km 长的纤细银丝，展现了其惊人的可塑性。

2.1.1 纯银

所谓足银，通常指的是银含量超过 99% 的银质材料。而经过现代电解提纯技术处理后，其纯度甚至可以达到惊人的 99.99%。根据国家标准，银制品的最高纯度标准为银含量不低于 99.9%，这就是我们通常所说的"千足银"，其标记为 S999。千足银非常适合用于制作不带有复杂镶嵌工艺的首饰，例如简单的包镶款式。然而，对于需要精细爪镶的款式，由于其较高的纯度可能导致塑形和延展性方面的挑战，因此并不推荐使用。相反，千足银更适合用于需要较高延展性和塑形便利性的工艺，如传统的錾刻工艺，能够充分展现其材质的独特魅力。

2.1.2 925 银

925 银，即含银量为 92.5% 的银铜合金，其中剩余的 7.5% 成分包含铜、锌、镍等其他金属。这种精心调配的合金在光泽和硬度方面都优于纯银，因而成为制作镶嵌宝石款式的理想选择。它也是国际上制作银饰品的通用标准，通常被标记为 S925。然而，由于 925 银含有铜成分，它相比 999 银更易发生氧化。为了延缓这一过程，市场上的大部分 925 银饰品都会采用外镀白铑的工艺（行业内常称为"白金"）。这一处理不仅能有效防止银饰迅速发黑发黄，还能保持其持久如新的光泽。

2.2 认识金属——金

2.2.1 黄金

黄金是化学元素金（Au）的单质形态，是从自然金和含金硫化物等矿物中精炼而出的柔软、金黄色并具备卓越抗腐蚀性的贵金属。自古以来，黄金一直被视为珍稀且贵重的金属，其地位延续至今。它不仅是储备和投资领域的特殊通货，还是首饰制作、电子产业、现代通信以及航天航空等多个行业不可或缺的材料。其名称中的 Au 源自拉丁文 Aurum，意寓"光辉灿烂的黎明"。

黄金的密度相当大，20℃时其密度高达 19.32g/cm³，并随温度变化而略有波动。在首饰领域，黄金的显著特点便是其重量，相同体积下，黄金饰品明显重于其他金属材质。此外，黄金还具备出色的延展性、导电和导热性能，能够轻松被压制成薄如蝉翼的金箔，或者拉拔成细如发的金丝。其熔沸点也相对较高，熔点达到 1064℃，在 1300℃以下不会挥发，重量也不会有任何损失，而沸点更是高达 2707℃。然而，黄金的硬度相对较低，莫氏硬度仅为 2.5。

化学性质上，黄金属于过渡金属，但表现得相对稳定，不易与其他物质发生反应。尽管如此，它仍可被氯、氟、王水及氰化物等少数物质腐蚀。特别是，黄金能被汞溶解形成金汞齐。正因如此，现代首饰制作中更倾向于采用电镀技术而非传统的鎏金工艺。传统的鎏金工艺需要将黄金溶于汞中，以便为其他金属器物镀上一层黄金，但考虑到汞是一种有毒的重金属元素，这一工艺在现代首饰制作中已较少使用。

2.2.2 K金

饰金中的纯金含量被称为"金位"，英文表述为 Karat，简称"K金"，这也是当下主流的黄金计量方式。在 K 金制度中，从 1K 至 24K 代表着不同金含量的合金标准。理论上，24K 指的是金含量为 100% 的纯金，然而现实中，由于提炼技术的限制，绝对纯金并不存在。实际上，所谓的纯金通常指的是千足金（金含量至少 99.9%）或足金（金含量至少 99%）。如果按照 1K 等于 1/24，即约 4.16% 的比例来计算，那么实际含金量为 99.99% 的黄金相当于 23.9976K。

在我国，首饰制造中最常使用的K金包括18K、14K和9K。为了增强合金的硬度和改变其颜色，这些K金中会加入铜、银、锌、镍等有色金属。这些除纯金外的金属混合后形成的合金被称作"补口"。由于加入的金属比例和补口颜色的差异，K金会呈现不同的颜色和硬度，以满足现代珠宝设计的多样化需求。例如，当黄金中加入25%的钯或镍时，合金会呈现略带青黄的白色，这就是我们常说的白色18K金。除了白色，黄色和红色（常被称为"玫瑰金"）的K金也非常受欢迎。

目前，各国普遍规定并采用的K金标准通常不低于9K。从9K到24K，不同成色的K金在世界各地被制作成各式各样的首饰。除了上述提到的几种K金，22K和10K等成色的K金也广受欢迎。

此外，关于Karat这个词的起源，它源自古希腊语或阿拉伯语中的"κεράτιον"，意为长角豆的种子。Karat在15世纪的英文中演变为carat，而现代英文中的carat则被翻译为"克拉"。值得一提的是，长角豆的种子在古罗马时期曾作为纯金金币的计量单位，因其重量极为均匀，被誉为一种古老的天然砝码。当时，一粒纯金金币的重量被定为与24粒长角豆种子等重，这也奠定了现今24K黄金计量单位的基础。

18K金分色工艺镶粉色蓝宝石戒指（材质：黄色18K金和白色18K金等，作者自有工作室制作）

2.2.3 铂金

铂金，化学符号为Pt，是一种珍稀的天然白色贵金属。它拥有纯净的锡白色调，条痕则从银白渐变至钢灰。铂金以其高反光率著称，对550nm的光反射率高达65%。这种金属熔点高达1773℃，沸点更是达到3820℃。在所有纯金属中，铂金的延展性无与伦比，甚至超越了金、银和铜。然而，其熔铸性却略逊于黄金。

铂金具有出色的抗腐蚀性，即使在高温环境下也极为稳定。它不会被氧化，与氧的亲和力在铂族金属中最低。此外，铂金能抵御单一酸的侵蚀，但可能会受到卤素、氰化物、硫以及苛性碱的影响。值得注意的是，它虽然不溶于氢氯酸和硝酸，却可以在王水中溶解。由于产量稀少，铂金已成为世界上珍贵的首饰用金属之一。

市售的铂金首饰常见的纯度有990、950、900和850。其中，990和950纯度的铂金产品尤为受欢迎。特别是Pt950，因其95%的铂含量在硬度和光泽方面均优于99%纯度的铂金，而成为钻戒等现代精致首饰镶嵌和制作的首选材料。

此外，铂族金属中还包括钯（Pd）、铑（Rh）、铱（Ir）、钌（Ru）和锇（Os）等稀有成员，它们与铂金共同构成了这一独特而珍贵的金属家族。

2.3 新型金属的发展和使用

钛，这种被誉为"太空金属"的神奇元素，化学符号为 Ti，拥有令人瞩目的物理特性。在常温下，它的熔点高达 1668°C，沸点更是攀升至 3287°C，然而其密度却仅为 4.54g/cm³，展现出一种轻盈而坚韧的特质。钛的灰色调中透露出过渡金属的沉稳，其高强度、低密度以及卓越的耐高温性能，使其在各种极端环境下都能保持稳定。

近年来，随着技术壁垒的突破，钛金属在珠宝首饰领域的应用日益广泛。设计师和工艺师们痴迷于它轻盈的质量、坚硬的质地以及丰富的色彩表现力，纷纷将钛金属融入他们的创意之作。在珠宝首饰中，这一特性则赋予了钛金属饰品独特的优势——佩戴者不易过敏，更加舒适安心。

加工钛金属的过程充满挑战。由于其质地坚硬，传统工具往往难以应对，需要在真空环境下利用惰性气体进行加温和焊接。然而，随着钛金属打印技术的不断成熟，越来越多的珠宝工艺师投身于这一领域的研究与创作，让钛金属珠宝的魅力得以绽放。

钛金属的绚丽色彩主要得益于电解工艺。将钛置于电解液中并通入适量电流，其表面会电解生成一层氧化膜。通过精确控制氧化膜的厚度，钛金属便能呈现从银白到墨绿、从紫色到黑色的丰富色彩变化。这层致色氧化膜不仅比钛金属本身更为坚硬，还具备比电镀层更高的硬度和更强的结合力，使钛金属珠宝在色彩与质感上都能达到极致的表现。

 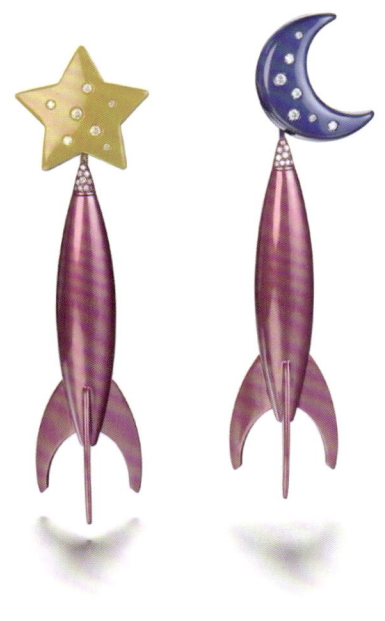

（左图为 Chopard 的 La Parisienne 高级珠宝系列，右图为 Suzanne Syz 的作品）

2.4 平面錾刻工艺（仅限首饰制作）

2.4.1 工具与设备

✱ 锤子

在錾刻过程中，建议使用专门的錾刻锤子，特别是经过淬打的锤子效果更佳。选择锤子的大小时，应根据你打算制作的首饰的尺寸和期望的效果来决定。理想情况下，选用锤柄圆头且带有一定弧度的锤子会更为适宜，因为这种锤子能够提供更好的握感和操作稳定性，同时可以利用锤头自身的重量来实现理想的錾刻效果。如果制作的首饰通常较为小巧精细，建议选用锤头重量在 30g 以内的锤子；而对于一般首饰的制作，锤头重量在 50g 以内是较为普遍的选择。当然，也可以根据自己的使用习惯和偏好来挑选或定制合适的锤子。

✱ 錾子

在錾刻工艺中，经常使用的錾子形状多样，其中带弧度的錾子尤为常用，它主要用于走线。建议准备多支大小不同的带弧度的錾子，以适应不同弧度和长度的线条勾勒需求。同时，直线錾子和用于压平面的錾子也是不可或缺的工具，同样需要准备不同型号以备不时之需。此外，球形头的窝作錾子在制作纹理或相对立体的凹凸面时也能发挥重要作用。

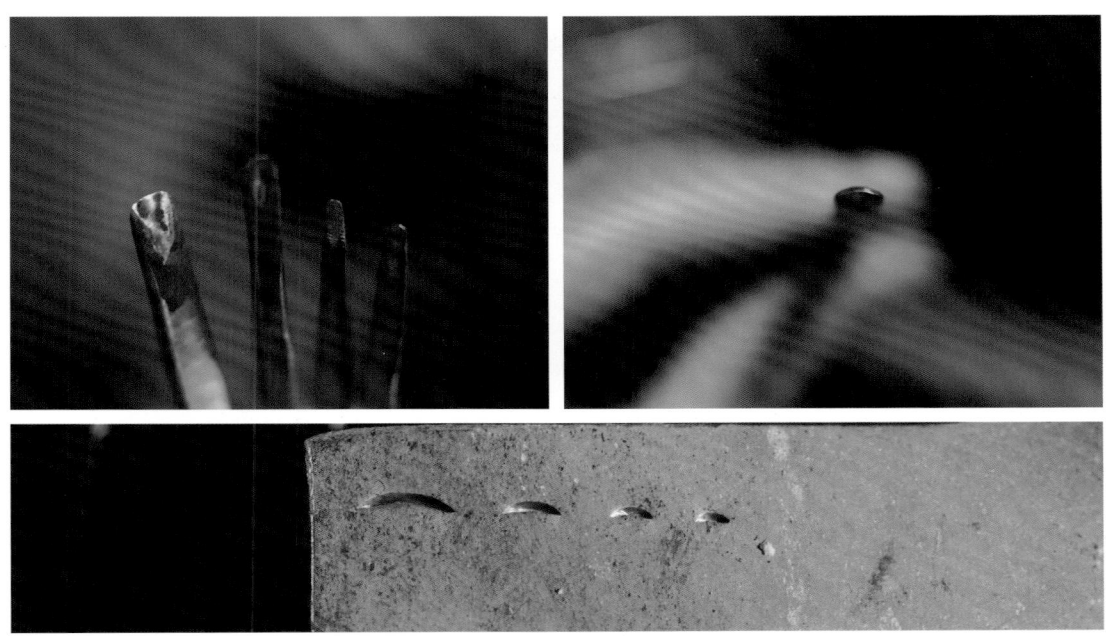

弧线錾子以及錾刻在银板上的效果

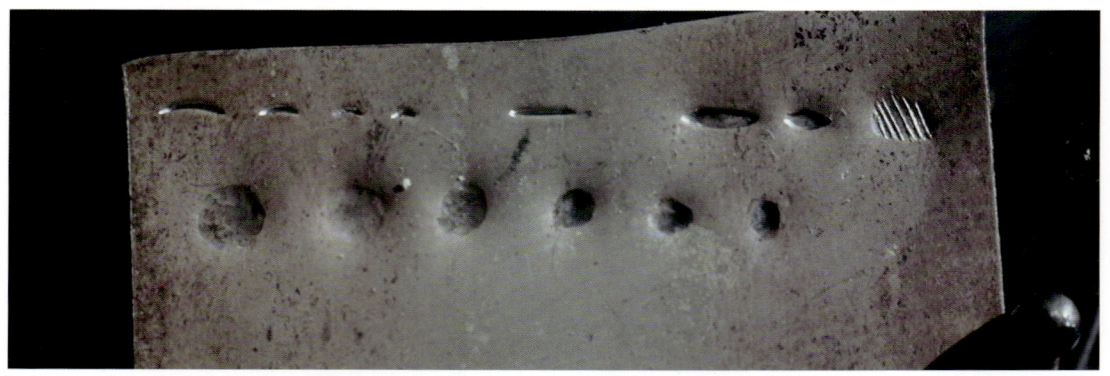

第一行为弧线錾、直线錾、平头錾和纹理錾制作的效果
第二行为不同大小的窝作錾刻在四方铁砧（平面）上的效果

使用窝作冲头在相对应的坑铁里敲打得到相对立体的金属效果（以半圆为例）

※ **火漆（或者其他固定材料）**

在錾刻工艺中，所使用的固定材料与镶嵌工艺有部分重合，例如火漆。火漆具有独特的性质，当加热至特定温度时，它会熔化并变得可流动，从而能够紧密地包裹并固定金属物件。冷却后，火漆会完全凝固，形成坚硬的质地。这种特性使其在为金属物件提供稳固的底部支撑的同时，也允许我们在金属表面雕刻图案或镶嵌配石。

通常，红色火漆的硬度相对较高，非常适合用于走线。若需要錾刻起伏较大的图案，则可以选择深色的錾刻胶板作为固定材料。固定材料的使用方式灵活多样，既可以置于火漆球上（便于从不同角度进行旋转制作），也可直接用于平面的盒子中，具体选择应根据制作需求而定。

在熔化固定材料时，可以使用热风枪或小火枪。然而，使用火枪时需要格外注意火候的控制，以避免因局部过热而导致固定材料烧焦，从而影响其固定效果。

✳ 其他常用工具

由于本章主要为基础技法的讲解，且本节以錾刻工艺为核心内容，因此在后续章节中，我们将提供关于金工起版的全套工具介绍及详尽的操作步骤（此处仅限于錾刻入门的介绍）。以下是其他常用工具的介绍。

1. 锯子

锯子是一种配备带齿锯条的锯弓，它通过绷紧的细钢锯条来精确切割金属。鉴于首饰用贵金属的损耗和制作精度的重要性，我们通常选用非常细的锯条。关于其常用型号、尺寸及操作方法，将在后续章节中详细阐述。在錾刻工艺中，锯子常用于完成錾刻后的镂空作业，或者根据錾刻图案锯切出所需形状。

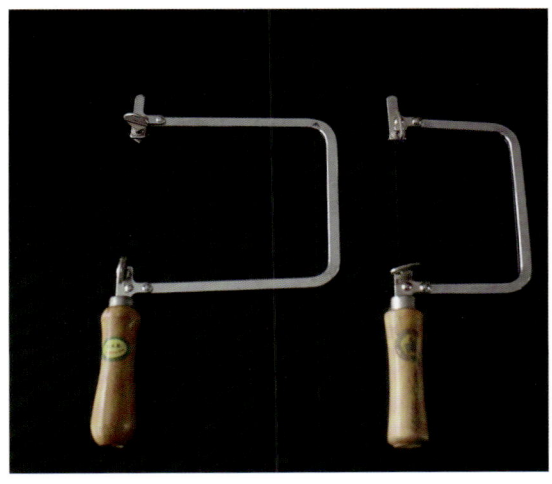 

2. 锉刀

锉刀是一种基础工具，用于锉修金属形状。其种类繁多，大小、粗细各异，以满足不同的功能和使用需求。除了形状的差异，锉刀的齿粗细也有所不同。我们将在后续章节详细介绍其常用型号、尺寸及操作方法。在錾刻过程中，锉刀通常用于修整锯切后的边缘。

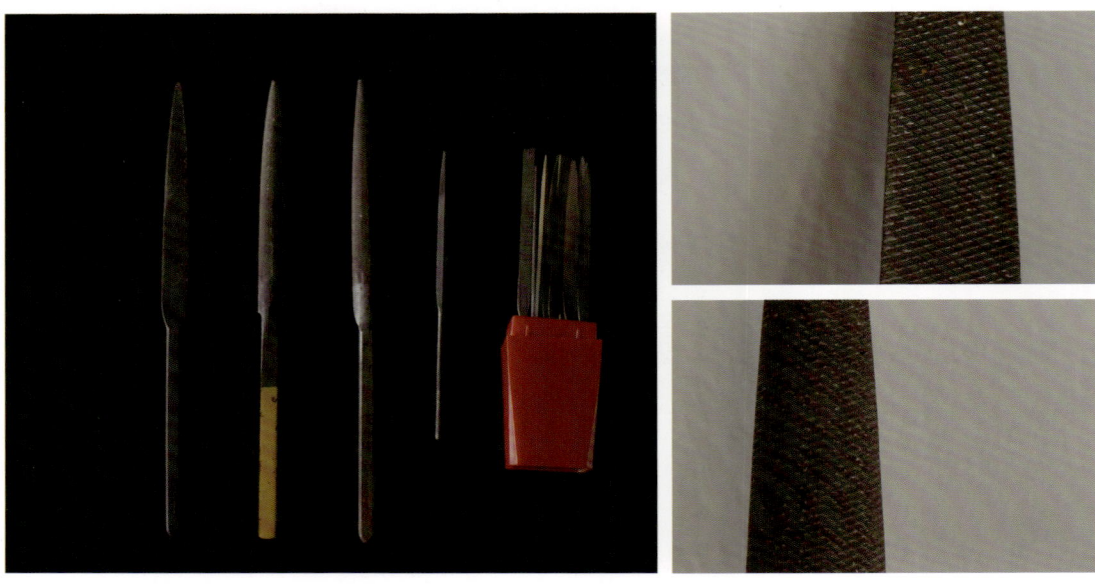

3. 砂纸

砂纸主要用于打磨作业，首饰制作中常使用 320~1200 目的砂纸，其中 400 目砂纸最为常用。由于錾刻面通常较为光滑，为了保留肌理效果，多数錾刻工艺并不一定需要使用砂纸进行打磨。但在需要时，可以选择使用。关于安装在吊机上的砂纸棒以及不同目数砂纸的打磨效果，将在后续章节中详细介绍。

4. 磁力抛光机

与商业首饰制作中常用的蜡抛光至镜面程度不同，多数錾刻工艺制作出的成品并不一定需要这种程度的抛光。磁力抛光机通常能够充分展现錾刻后金属的光泽，作为最后的抛光步骤，使用磁力抛光机已足够。

2.4.2 錾刻工艺流程

✳ 准备基础材料和工具

准备好前文所提及的工具，并备好用于制作饰品的金属材料。将这些材料压制至所需的宽度、长度和厚度，之后即可开始着手制作饰品了。

✳ 确定图案，初步走线

确定图案线条是首要步骤，首先进行第一遍线条的勾勒，以明确图案的具体位置。以常见的山水图案为例，这种图案的优点在于其形态可以根据个人想法灵活变换，相较于动物或人物图案，更适合作为入门练习的主题。当然，也可以根据实际需求更改主题。

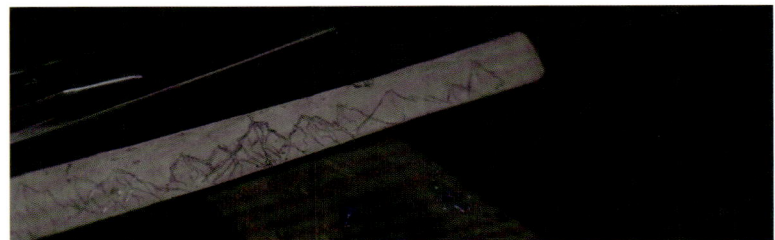

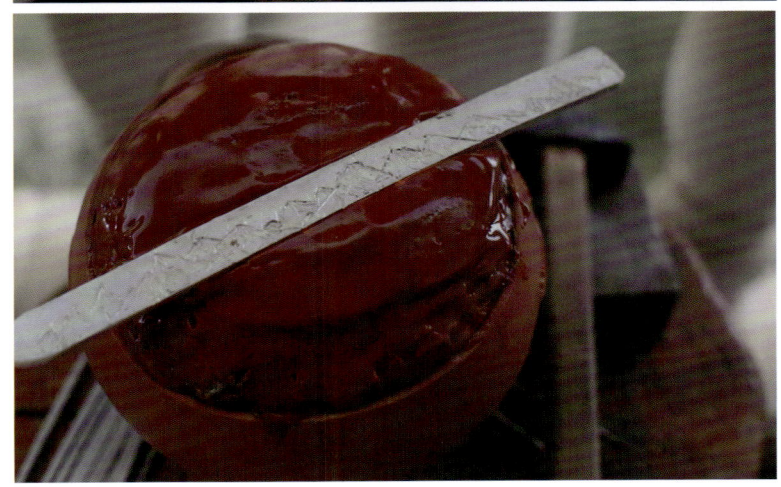

※ **修整线条，确定层次**

在确定图案位置之后，接下来使用平头錾子对需要压制的部分进行精细处理。沿着预先勾勒的线条，逐步分出层次，直至所需的层次感完全呈现且平整部分达到预期的平整度。在此过程中，可以根据需要选择使用无纹理的光面錾子，或者选用带有特定纹理的平头錾子来打造独特的效果。

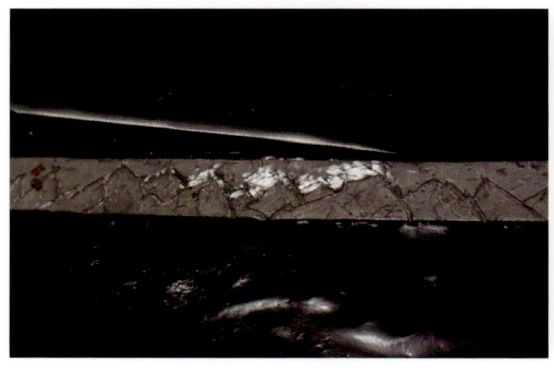

※ **反复分层，重新勾线**

在已清晰分出层次的图案基础上，进一步细化各层次内的纹理及更多层级的细节。例如，在使用平面錾子成功分出两个层次的平面后，针对天空部分，选用带有肌理的錾子进行整体敲打，确保其平整且纹理均匀；而对于山脉部分，则跟随预先的走线区域，使用带金刚砂的圆头錾子精细雕琢，以清晰区分山脉的凸起与凹陷层次，从而呈现立体且多层次的山脉效果。同时，与天空部分相比，山脉虽呈现出丰富的层次，但整体上仍保持着和谐的视觉效果。

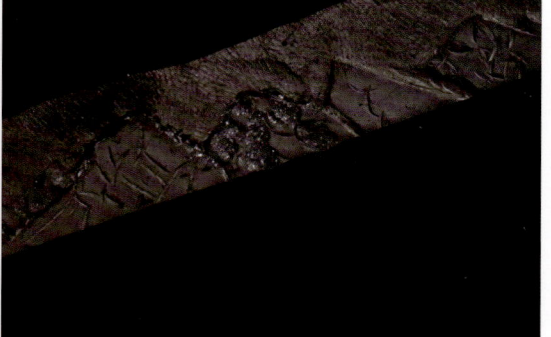

✳ 确定最后的细节并完善成品

使用锯子精确地锯切下所需的金属部分,随后利用锉刀进行细致的修整,确保其平整且符合预期的形状。完成塑形后,再使用砂纸对金属表面进行打磨,以进一步提升其光滑度。

结合焊接、镶嵌、做旧、打磨、抛光等工艺,丰富成品的效果

延伸 半立体錾刻方法及注意事项

进行设计绘图,随后将图案绘制或直接转印到银片材上。以作者自有工作室原创设计的兔子图案为例,这一过程能够确保图案的精准呈现,并为后续的金属工艺制作奠定坚实基础。

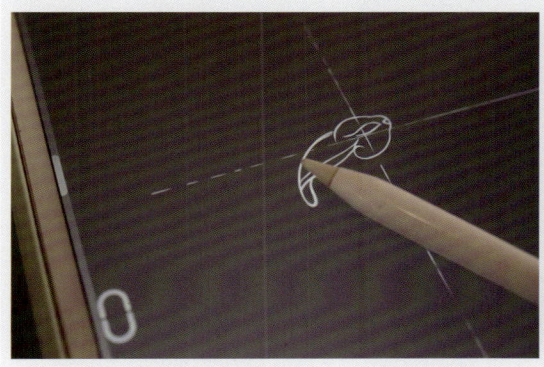
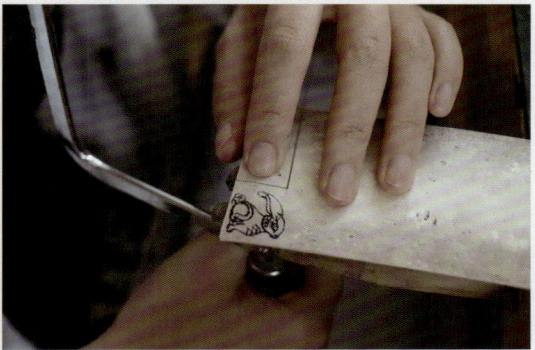

23

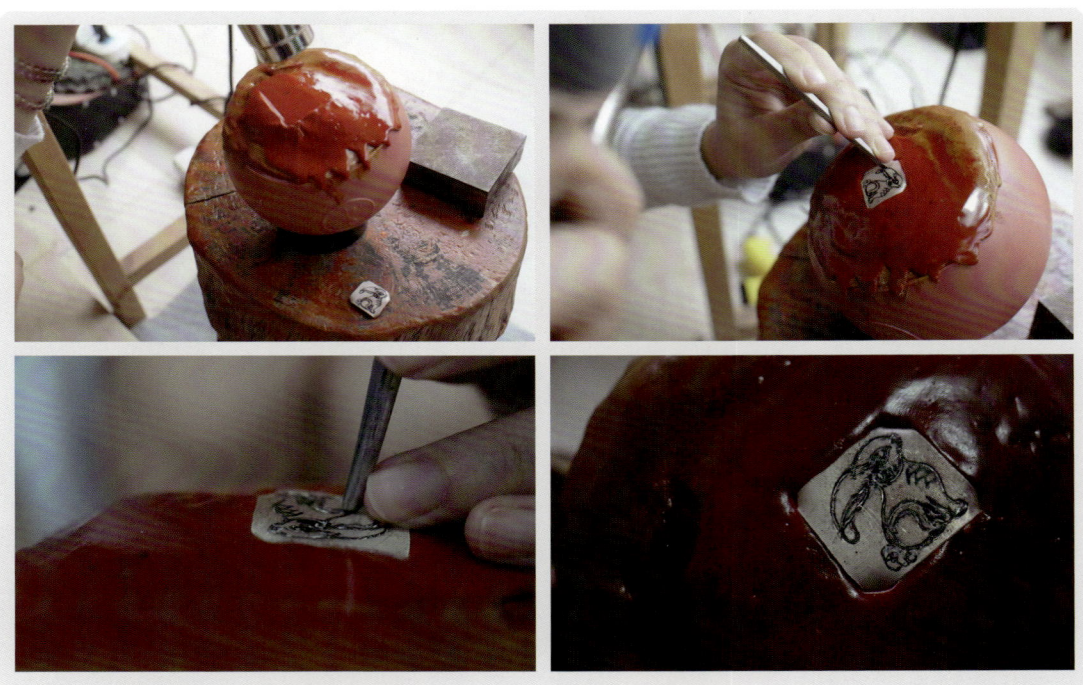

　　首先，将需要錾刻的金属部分锯切下来，并牢固地固定在火漆上。接着进行第一遍线条的勾勒，注意此时无须过于关注细节部分，如眼珠和毛发等，可以暂不勾勒。完成初步线条勾勒后，进行退火处理，以增强金属的延展性和韧性。退火后，再次将金属部分固定在火漆上，进行第二遍线条的勾勒，这一次要着重加深线条，使图案更加立体和鲜明。经过两遍线条勾勒的对比，可以明显看到图案的层次感和细节得到了显著提升。

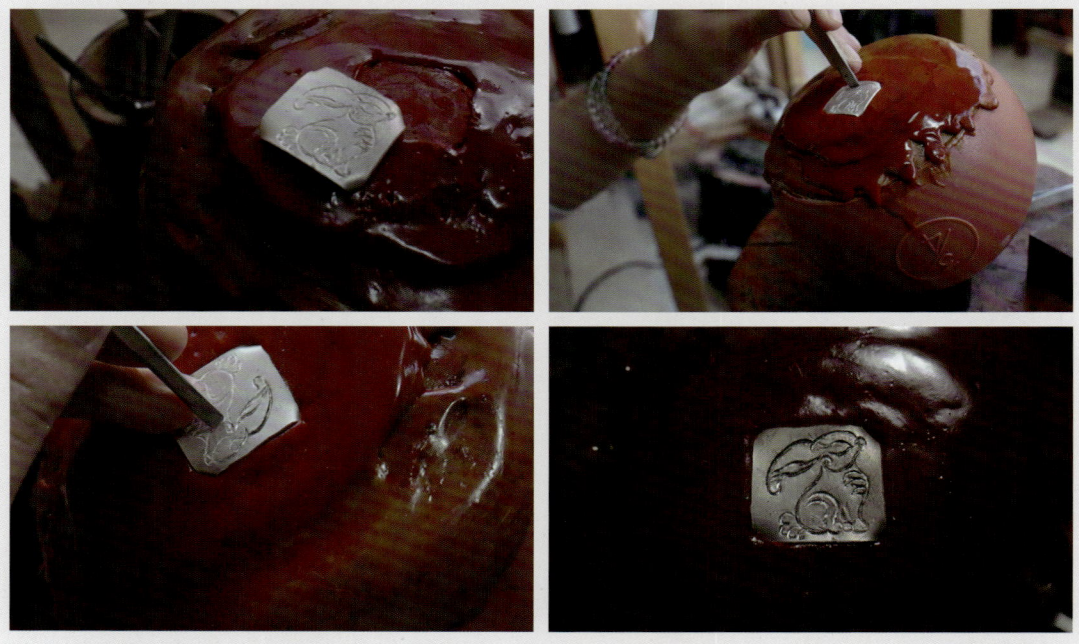

　　在第二遍线条勾勒完毕之后，进行退火处理。接下来，将图案中需要凸起的部分置于胶垫之上，利用窝作冲头进行敲击，以打造出明显的起伏效果，使图案呈现更加生动的立体感。

 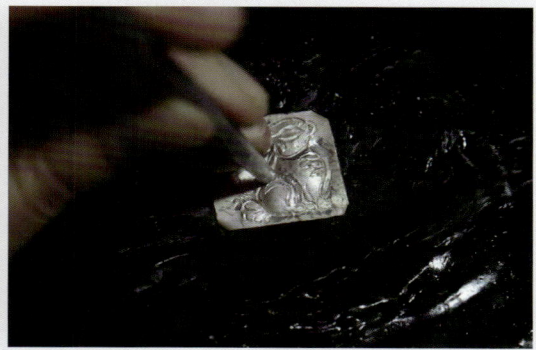

在四方铁砧上，对图案中不需要的凸起部分进行敲击，使其平整。完成这一步后，进行退火处理以增强银片的可塑性。随后，将银片材固定在质地稍软的錾具上，以便进行后续的精细錾刻工作。

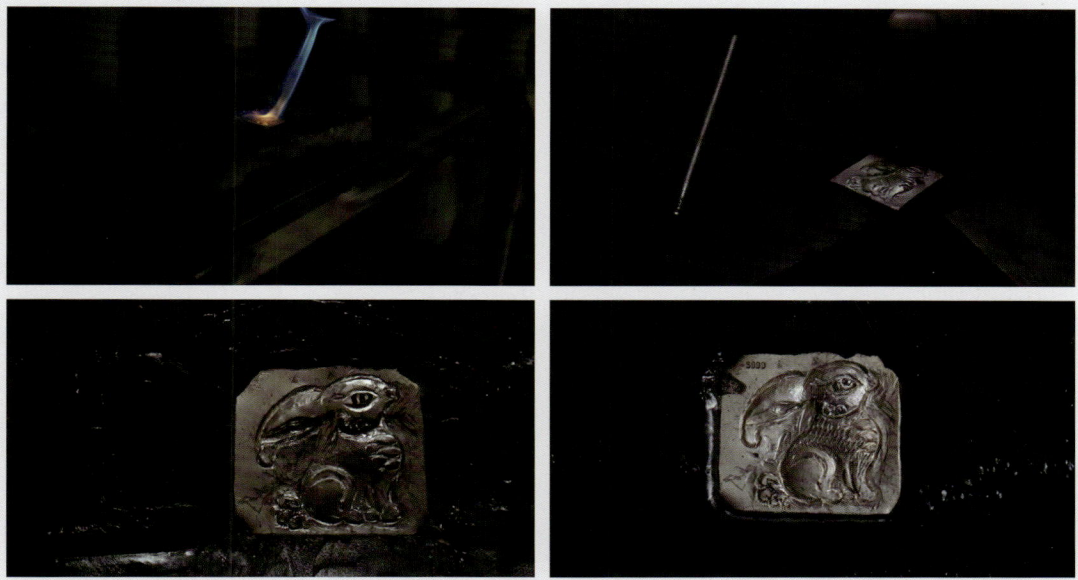

将银片材固定在质地稍软的錾刻胶板上后，分层次逐步修正图案的细节和线条，确保每一部分都精准而生动。在最终修整好所有的线条和各个面之后，再进行精细的錾刻，添加上眼珠、毛发等细节，使图案更加栩栩如生。请注意，此部分的錾刻方法仅限于首饰制作范畴，可以根据手指大小作为参照物来调整图案的尺寸。

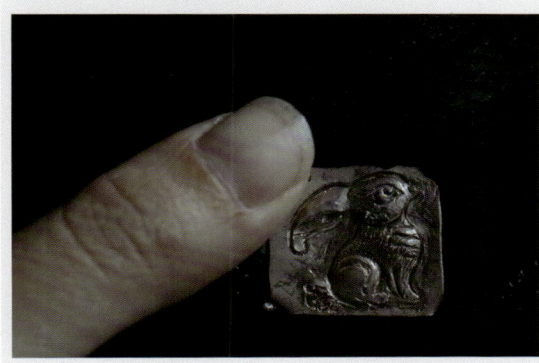

关于如何将片材设计并制作成完整的首饰成品，包括必要的打磨抛光、镶嵌不同材料等其他工艺流程，我们会在后续的章节中进行详细阐述。这些步骤将帮助你把初步完成的作品进一步加工，使其成为一件更加精美且富有创意的首饰佳作。

2.4.3 基础镶嵌技法及实例

✳ 基础包镶和爪镶

1. 基础包镶

首先，根据主石的大小来确定用于制作镶口的条材和片材的尺寸。接着，依据主石的形状来精心制作镶口，确保其完美契合。在制作过程中，先焊接好镶口的开口位置，随后将镶口与底座进行焊接，确保二者稳固相连。接下来，确定底座上需要镂空的部分，并进行打孔和锯切操作。最后，将需要镶嵌的镶口固定在火漆上，以便进行后续的镶嵌工作。

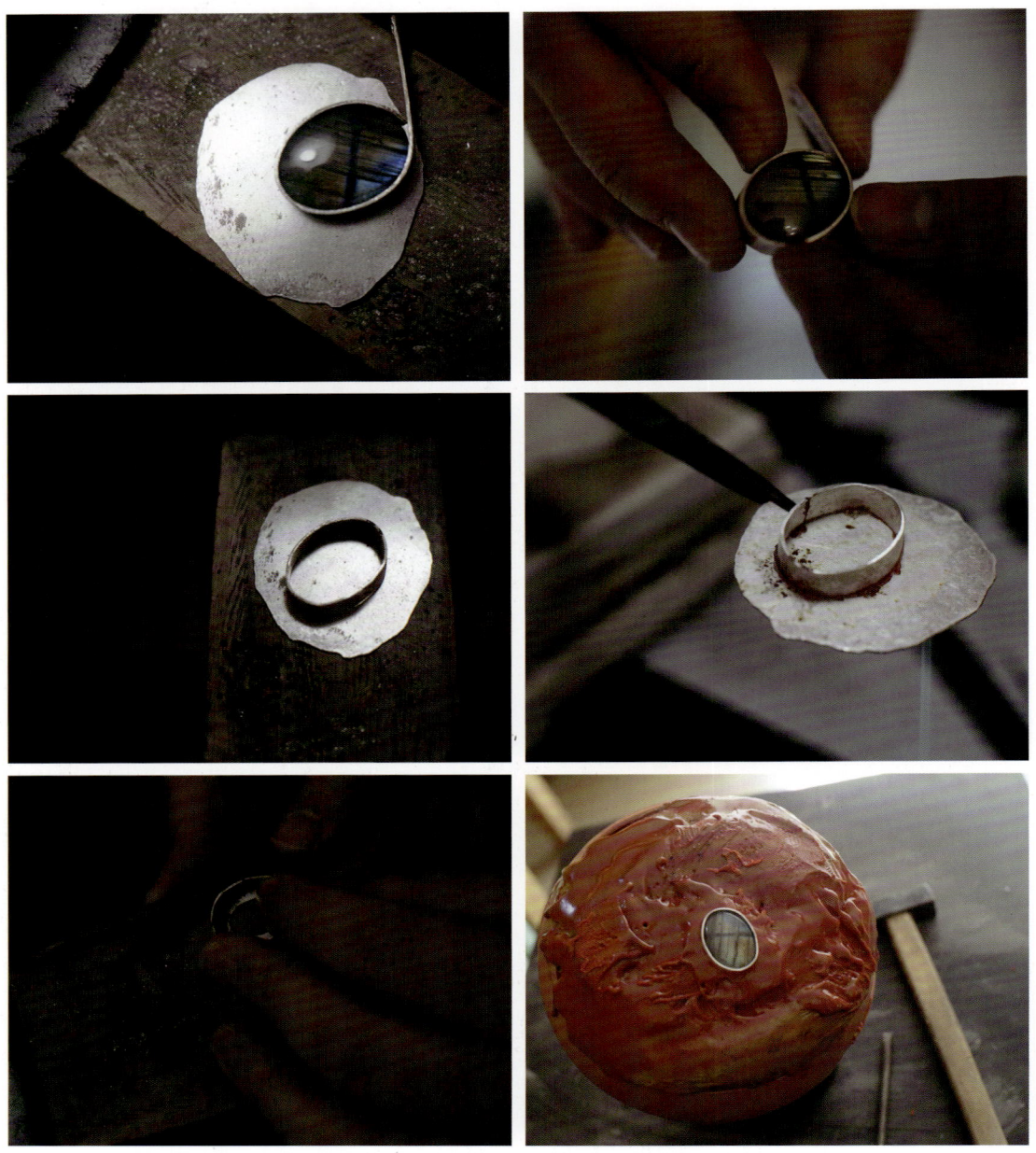

注意：在使用火漆固定时，需要确保不会遮挡到需要操作的金属部分，无论是内部还是外部都应特别注意。

首先，使用錾子在 4 个点上进行固定，以确保主石不会在操作过程中大幅度晃动。接着，顺着主石的边缘，均匀地将镶口的金属边敲击至与主石紧密贴合。在此过程中，务必避免在某一点过度用力，以防主石破裂。最后，镶嵌完成后应检查主石是否仍有晃动，若主石稳固无晃动，且金属边缘顺滑无凸出部分，则镶嵌工作圆满结束。

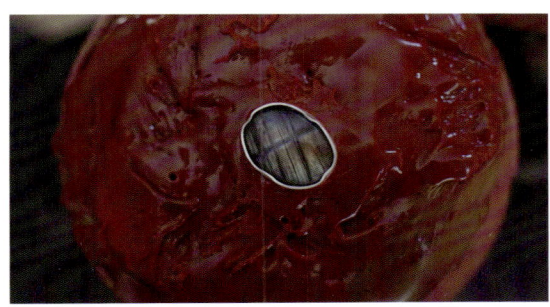
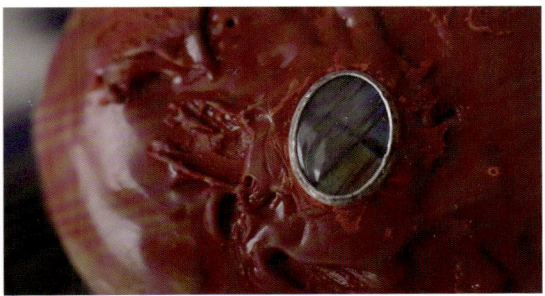

在完成镶嵌后，对变形的边缘进行细致的锉修和打磨，以确保其平整光滑。最后，对整个作品进行抛光处理，使其呈现更加亮丽的光泽。

下图是基于基础包镶工艺的首饰设计案例，包括吊坠和戒指。

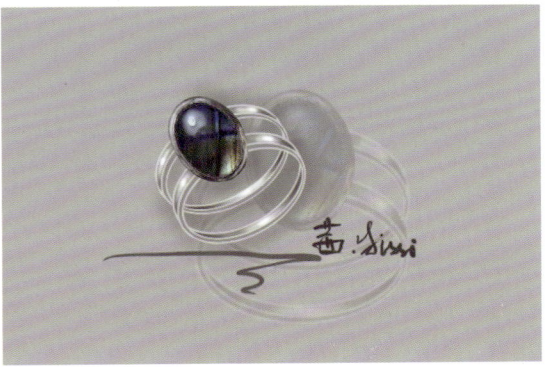

在设计过程中，需要特别注意以下步骤：在镶口制作完成但尚未镶嵌宝石之前，就应先完成其他零件的制作与焊接工作。这样做可以确保在最后的镶嵌、打磨和抛光阶段，首饰的整体结构和细节都已得到妥善的处理。上述设计案例仅为基础包镶工艺的延伸应用，实际创作中可根据个人喜好和需求进行灵活调整。

2. 基础爪镶

下面以爪镶成品戒托为例进行解析。

将戒托稳固地固定在镶石球上，然后利用平钳轻巧地打开 4 个爪，以确保主石能够无阻地放入镶口内，不被任何部分遮挡。接下来，使用球针精心打出一条斜边，这样可以确保主石的亭部与金属边缘能够相对紧密地贴合。在主石稳稳地放入镶口后，仔细观察是否存在缝隙，并准确确定腰棱的位置，以便进行后续的车槽操作。最后，使用厚飞碟针在已经确定好的主石腰棱位置，精巧地车出一个恰好能卡住腰棱的槽，从而确保主石的稳固镶嵌。

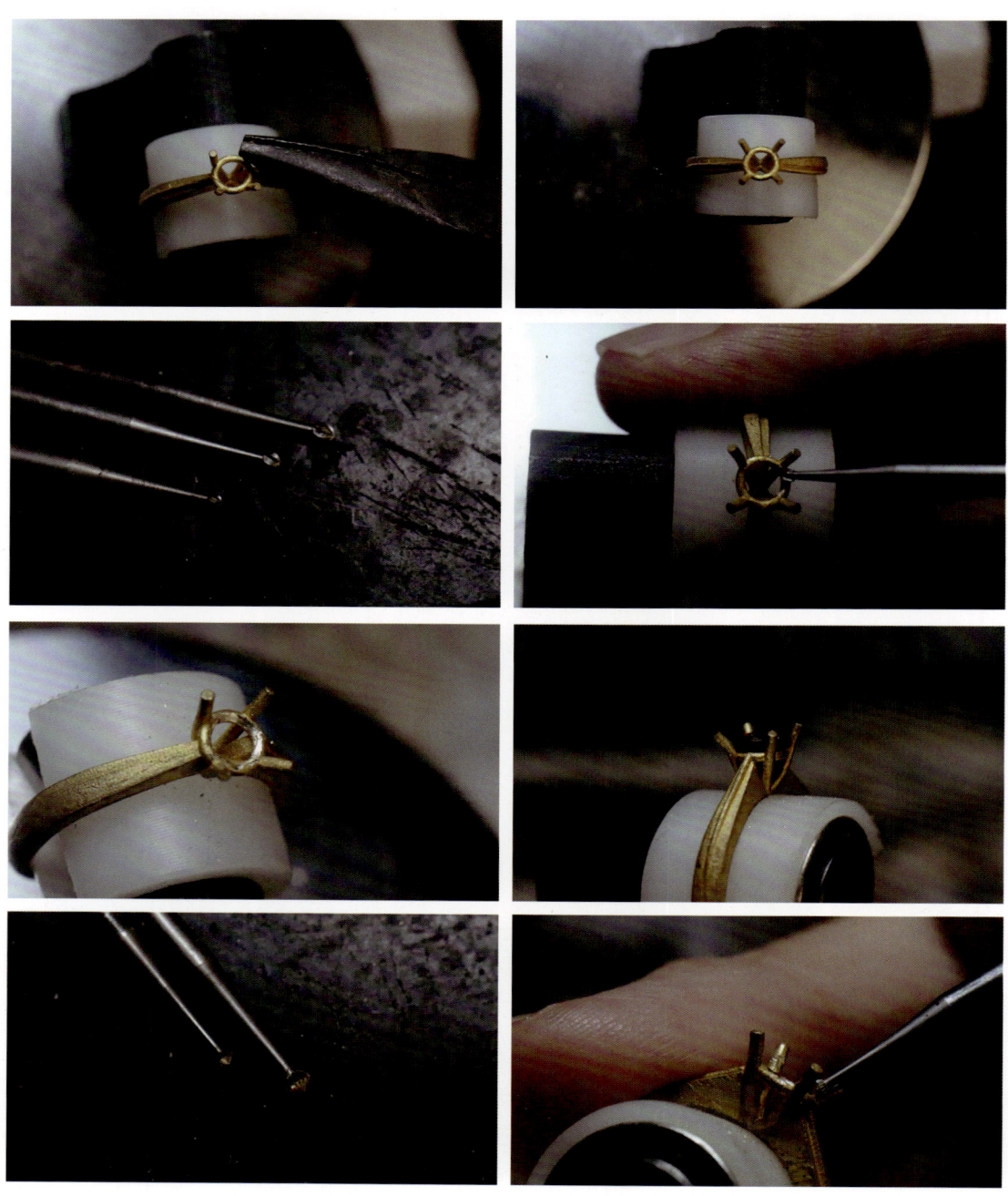

卡槽精细车制完成后,将主石稳妥地安放入位。接着,使用平钳先夹持一组对角爪以初步固定主石,确保开好的槽口能够紧密卡住主石,防止其发生移动。随后,再夹持另一组对角爪,并进行反复的微调与校正,直至主石完全稳固无晃动。

在主石稳固镶嵌之后,使用斜口剪钳精心修剪掉多余的爪部。为确保操作安全,修剪时需用手指轻轻按住需要剪断的部分,以防止金属碎片飞溅。

剪好爪的戒指展示

在修剪完爪部后，对于爪的断口处，需要使用吸珠进行精细的吸圆处理。这样做不仅可以提升整体的美观度，还能确保佩戴时的舒适度。下右图为吸珠针的内部放大结构。

为确保断爪处理得完美，需要精心挑选尺寸恰当的吸珠针，并将其稳固安装在吊机上。随后，利用吊机的稳定操作，将断爪部分吸至圆润，以达到既美观又舒适的佩戴效果。

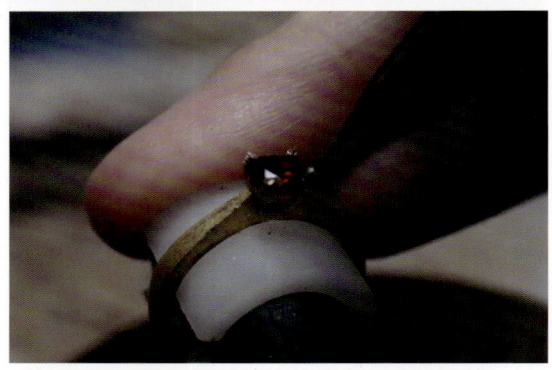

吸珠吸圆后的戒指展示

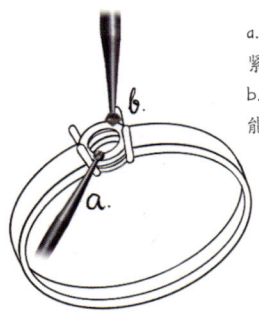

a. 使用球针精心打造与宝石亭部紧密贴合的斜边。
b. 借助厚飞碟针，精细地车制出能够紧密卡住宝石腰棱的槽口。

除了使用吸珠，若存在多余的金属部分，还可以使用细锉进行精细修整。在修整完毕后，使用砂纸打磨锉痕，以确保表面光滑，并最终进行抛光处理，使首饰焕发亮丽光泽。此外，爪镶的形状并非一定要吸成圆形，完全可以根据个人喜好和设计需求，将其修整成水滴形或其他所期望的形状，从而打造出独一无二的首饰作品。

c. 在宝石稳固镶嵌并剪去多余爪部后，利用吸珠将断爪部分吸至圆润。

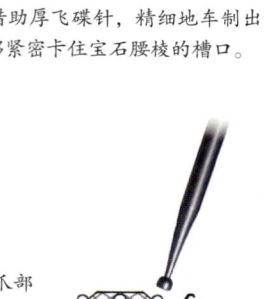

❋ 基础镶嵌设计制作案例

从上述案例中，我们可以清晰地看到，在珠宝首饰领域，即使是最为基础简单的镶嵌技法，只要巧妙地融入合理的设计元素，并进行不同的搭配组合，便能够创作出独一无二的个性化首饰成品。同时，那些复杂且高端的珠宝首饰，其精湛工艺的背后，也往往源自对最简单技法的不断叠加与深入练习。因此，无论是初学者还是资深工匠，都应从基础出发，逐步掌握并熟练运用各种技法，以创作出更多精美绝伦的珠宝首饰作品。

本例将专注于基础镶嵌部分，其操作步骤与先前介绍的基础包镶方法一致。在操作过程中，务必特别留意，以确保不会遮挡到需要操作的金属部分，从而保证整个流程的顺畅无阻。为了更好地实施操作，建议将火漆堆成小山包形状，并将首饰稳妥地放置在其顶部。这样的布局能有效避免火漆干扰到操作区域，进而提升工作的效率和精确度。在开始镶嵌之前，应首先固定好 4 个关键点位，以确保主石能够稳固地卡入镶口内，不会出现大幅度的摇晃或移动。

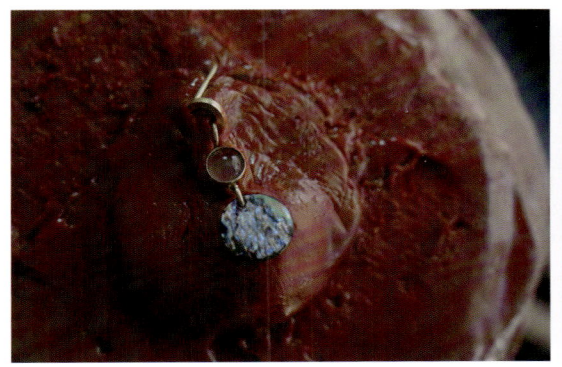

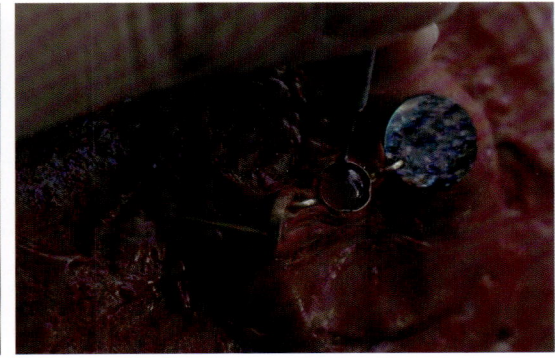

沿着金属边缘，使用錾子轻巧而精准地敲击，直至金属与主石的弧面完全紧密贴合。

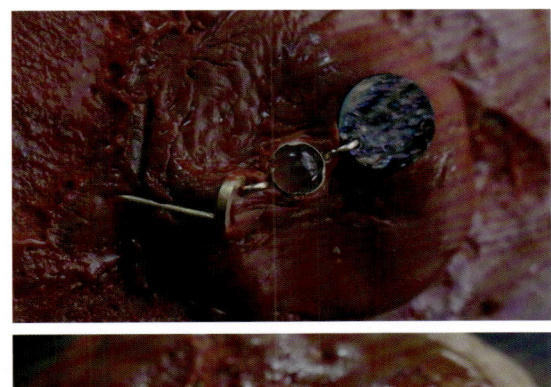

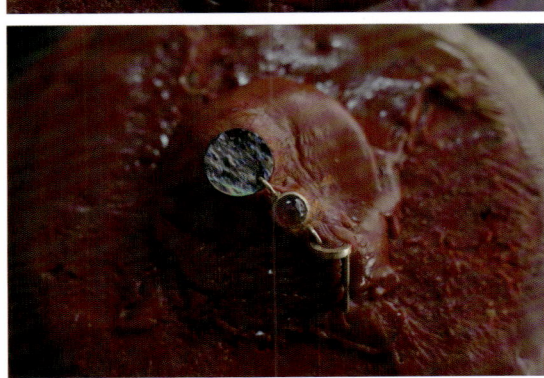

整圈完全贴合　　　　　　　　　　　　打磨抛光

当金属边缘与主石弧面完全贴合后，小心取下首饰。此时，首饰还未达到最终成品状态，需要经过细致的打磨和抛光处理，方能绽放璀璨光彩，成为一件精致的成品。

CHAPTER 3
金工起版首饰制作技法

3.1 金工起版的制作方法

3.1.1 工作室安全须知

在使用配备明火工具的工作台上操作时,安全应始终放在首位。为避免可能因他人刚使用过火源而造成的烫伤,工作台上的任何物品都不可直接用手触碰。取而代之的是,应利用镊子或耐火钳等辅助工具,并在确认工作台温度适宜后再取用物品。

在操作所有可由电力驱动且带有旋转部件的设备(如吊机、抛光机等)时,需要特别警惕衣物和头发被卷入设备中,以防发生意外伤害。特别是长发的操作人员,必须将头发绑好后再进行作业。对于抛光机的使用,建议初学者在有经验的师傅指导下进行。

在使用锯子等切割工具时,应严格遵守操作规范以确保安全。同时,操作间内应常备消毒和包扎用的医疗物品,以应对可能发生的意外情况。

在打磨过程中,为防止操作者吸入金属粉尘,建议佩戴口罩。同时,准备眼罩以防范金属颗粒飞溅入眼睛,尽管这类情况较为罕见。

对于零基础或经验不足的操作人员,务必听从经验丰富的师傅的指导和劝告,以确保操作的安全与准确性。

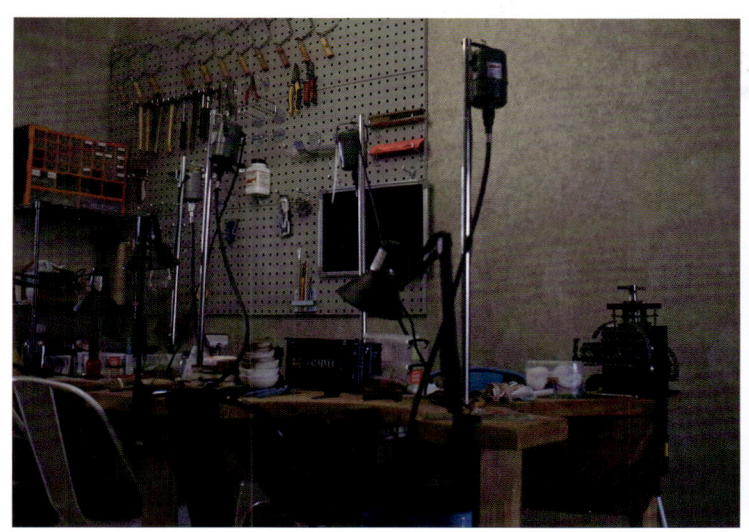

3.1.2 转印的方法

最常用的转印方法是直接使用油性笔在金属表面进行书写和绘画。若需要修改，可使用酒精轻松擦除，或者先用铅笔打底，但最终图案的确定仍需要依赖油性笔。当拥有纸质设计图时，可借助复写纸将图案拓印至金属上，随后用油性笔进行精细描绘。

另一种方法是，将打印好的普通纸张粘贴在金属表面，以此来确定所需图案，这种方法在进行锯切步骤时尤为适用。若工艺中涉及敲击导致金属形变，如錾刻等，在需要打印转印的情况下，推荐使用水转印纸等特殊材料转印后，再进行后续制作。除了油性笔，还可以利用具有金属尖角的工具，如分规，在金属面上刻画出图案痕迹。这种痕迹在金属反光时尤为明显，且制作过程中无须担心图案被意外抹除。在整个转印过程中，务必保持图案的精确度，以确保最终制作的饰品既美观又精致。

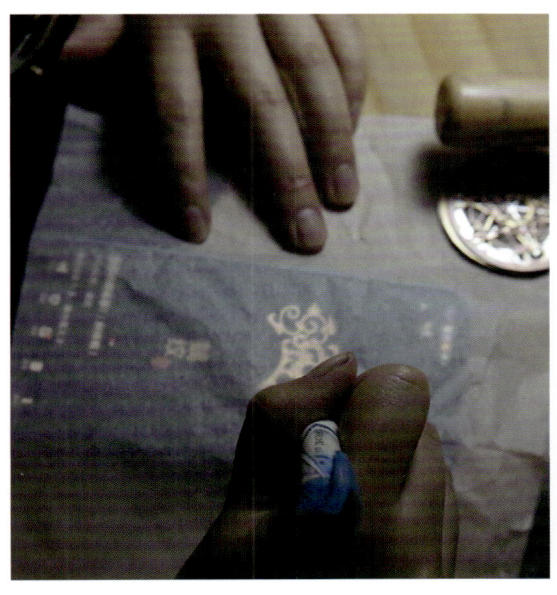

图案转印的详细步骤：首先将所需图案拓印至半透明纸张之上，随后利用复写纸巧妙地将图案转印至金属片材表面。为确保线条的清晰可见，可以使用油性笔对线条进行加深处理。值得注意的是，此过程中也可采用其他具有相同效果的转印材料进行替代，以满足不同的需求。

除了水转印纸等类似材料，还可以选择使用自带粘贴功能的材料。这类材料中，底色透明且线条清晰的粘贴材料尤为合适，其优点在于能有效避免因位移而导致的图案变形，从而保证转印的准确性和美观度。

3.1.3 测量工具的使用

✳ 游标卡尺

游标卡尺是金工领域测量尺寸不可或缺的工具，其应用不仅限于金工步骤，更广泛用于宝石大小与厚度的精准测量。根据使用需求，用户可灵活选择电子显数型或常规型游标卡尺，以满足多样化的测量场景。

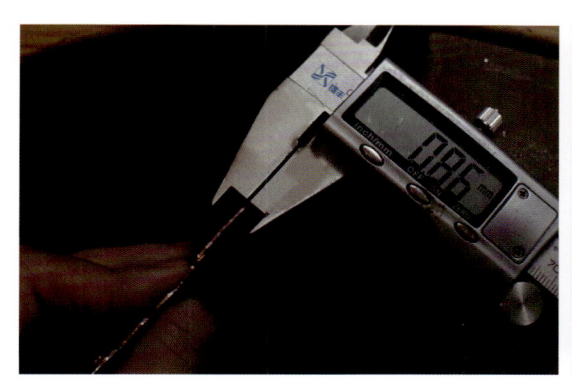

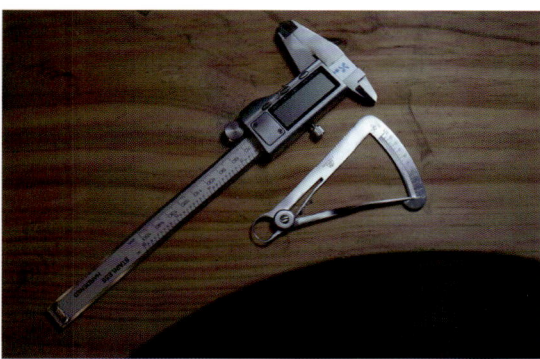

（左图为电子显数型游标卡尺；右图左侧为游标卡尺，右侧为内外卡尺）

✳ 分规（机剪）

分规非常实用，既可用于绘制圆形，又能轻松画出与金属边缘等宽的线条，满足多种绘图需求。

✳ 尺子

推荐使用钢尺进行测量，其刻度更为精准且耐磨性强，能够确保测量结果的准确性。此外，除了常规的直尺，直角尺也是不可或缺的工具，尤其在确定制作细节的角度时，它能发挥重要作用。

* 内外卡尺

　　内外卡尺是常用的测量工具，它特别适用于器皿的内外直径测量。同时，在首饰制作中，内外卡尺也能有效测量那些直尺或游标卡尺难以触及的金属厚度，确保测量的精确性。

3.1.4 剪裁工具的使用

* 钢剪

　　钢剪作为一种便捷的金属剪裁工具，其可剪裁的金属厚度会根据尺寸的不同而有所差异。使用钢剪直接剪裁金属的优势在于其快速且方便，但需要注意的是，它仅适用于初步的片材剪裁。由于其剪裁精度有限，并且在剪裁过程中可能会导致金属变形，因此，断口通常需要进一步的锉修处理。此外，手持钢剪并不适合剪裁较厚的金属。

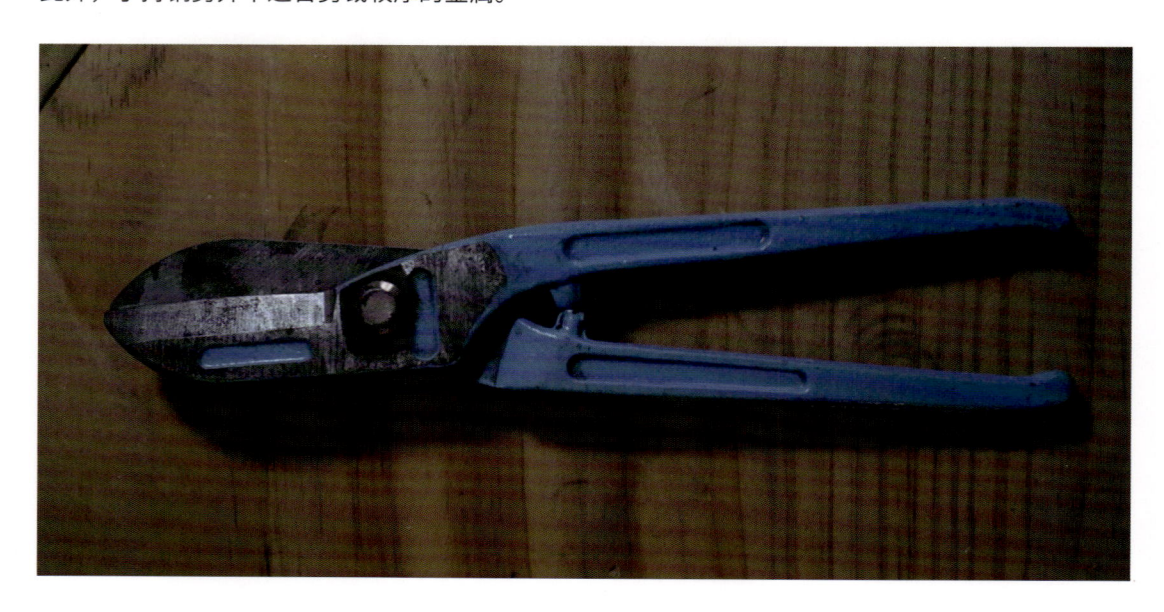

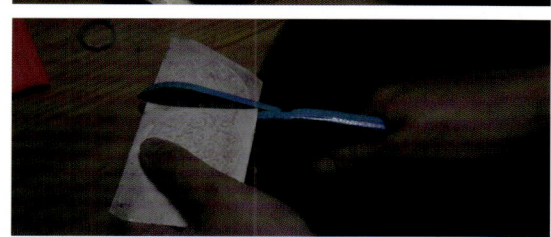

* **斜口剪钳**

　　斜口剪钳通常用于剪裁尺寸相对较小的金属条材，特别适用于剪切不大的水口，以及用于镶嵌主石的金属爪等精细部件。

* **裁床等大型切割设备**

　　随着时代的不断进步，大型裁床已经普遍采用数控激光切割技术。这项技术以其高精度而广受赞誉，为金属切割行业带来了革命性的变革。

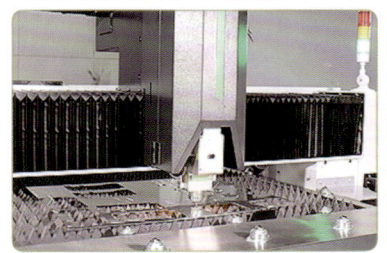

3.2 锯切工具的使用

3.2.1 锯子与锯条

锯子在首饰金属工艺中扮演着至关重要的角色，是最常用的锯切工具。锯条作为其中的损耗品，通常是单独安装的。为了确保贵金属材料锯切的精准度和减少损耗，首饰金工中普遍采用非常细薄且带齿的小钢条作为锯条。然而，这类锯条特别纤细，易折断、易损耗，需要定期更换。为了应对锯条易断的特点，可调整长度的锯弓应运而生，提高了使用的灵活性和便捷性。

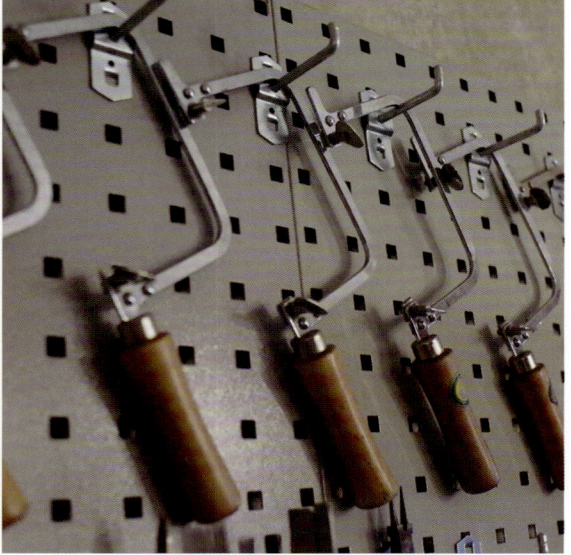

锯条的尺寸

型号	厚度（mm）	宽度（mm）
8/0#	0.15	0.32
7/0#	0.16	0.34
6/0#	0.18	0.36
5/0#	0.20	0.40
4/0#	0.22	0.44
3/0#	0.24	0.48
2/0#	0.26	0.52
1/0#	0.28	0.60
0#	0.28	0.65
1#	0.30	0.70
2#	0.32	0.75
3#	0.35	0.80
4#	0.37	0.90
5#	0.40	0.95
6#	0.45	1.00
7#	0.47	1.00
8#	0.50	1.15

* 手工测量存在一定的误差

锯齿具有明确的上下方向性。在使用锯子时，若手柄向下，锯齿向下用力会更为方便，此时，配备皮斗接收金属粉尘的金工台是理想的选择；而若手柄向上，锯条可以反向安装以适应操作，这种情况下，使用配备抽屉式金属粉尘收集装置的金工台则更为合适。当然，具体使用方式还需要根据个人操作习惯来确定。

左图为手柄向上使用，右图为手柄向下使用

在安装锯条时，首先需要确认锯条的正反面以及锯齿的方向。接着，先紧固一端，然后将另一端放入夹紧锯条的装置中。在此过程中，需要轻微压弯锯弓，再紧固另一端。这样做可以确保锯条在放松后保持绷直状态，便于施力且不易断裂。然而，需要注意的是，锯条绷得过紧或过松都可能对锯切过程产生不良影响。

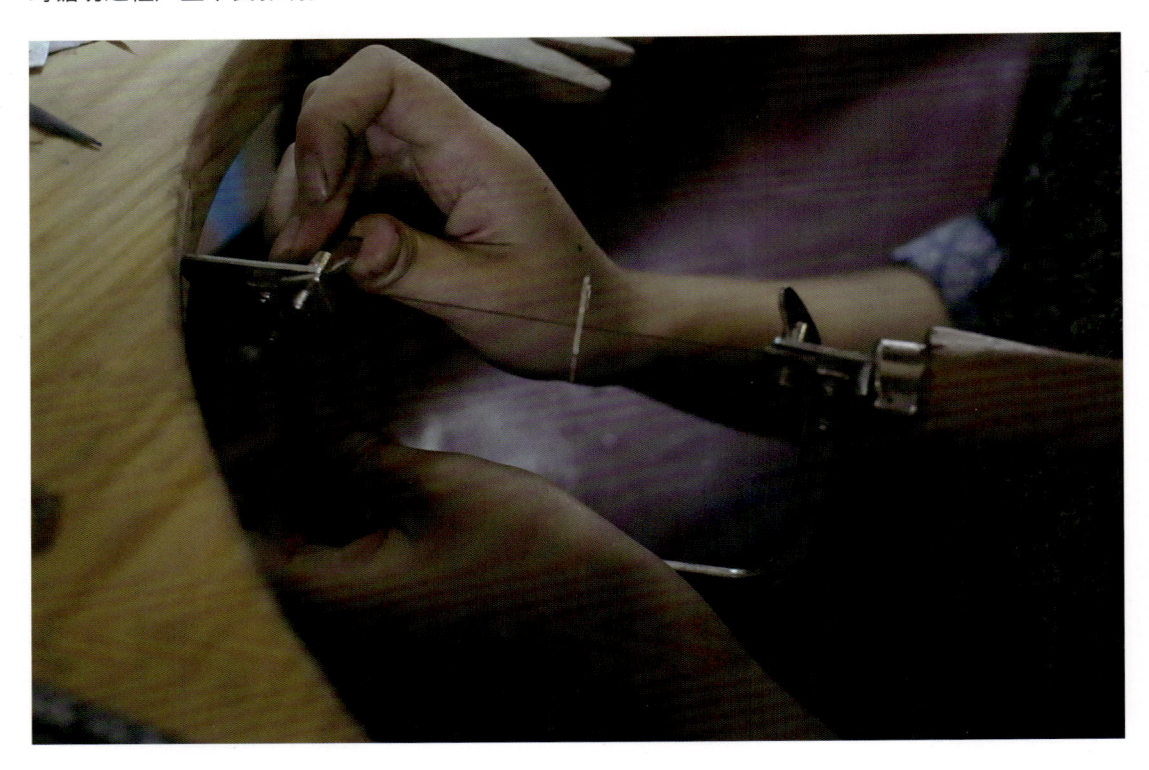

3.2.2 直线的锯切方法

锯切直线时，在金属边缘先开出一条小口，然后顺着锯齿的方向，通过上下拉动锯子来进行锯切。这一过程中，无须转动正在锯切的金属，也无须改变锯子的方向，便能轻松获得一条直线切口。

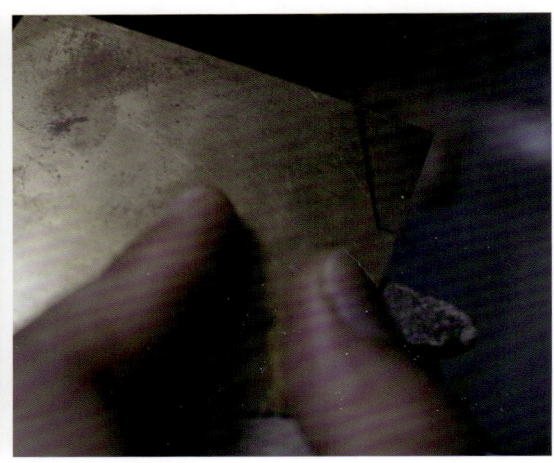

3.2.3 曲线与转角的锯切方法

✳ 曲线的锯切方法

在锯切曲线时，应一边向前推进锯切，一边根据所需的曲线形状缓慢转动正在锯切的金属板。若锯条在锯切过程中被卡住，切记不可强行推进，而应返回至原先的角度，直至锯条松动。随后再重新调整锯切方向，以确保锯切过程的顺利进行。

对于初学者而言，在锯切过程中，建议主要通过按压金属板的手来调整锯切方向，而保持锯条方向不变。这样做可以避免因频繁调整锯条方向而导致锯条断裂。然而，随着操作熟练度的提升，可以根据自己的操作习惯来灵活调整锯切方式。

✳ 转角的锯切方法

首先，采用锯切直线的方法获得一条初始直线。当锯切至需要转角的位置时，在转角原点处保持锯条的持续切割，同时缓慢转动正在锯切的金属材料（注意，不可直接转动锯子方向，以免锯条卡住导致断裂）。转动至所需角度后，再继续向前推进锯切。这一过程需要细致操作，以确保转角的准确性和锯条的安全性。

延伸 1: 锯切曲线与基础打磨抛光的方法

以下是通过锯切曲线与基础打磨抛光工艺制作而成的基础首饰展示。这款对戒仅运用了简洁的曲线锯切与细致的打磨抛光技巧,便呈现出优雅而精致的美感,充分展现了金属工艺的魅力与匠心独运。

以足银片材为原材料,精心测量并标记出戒指所需的宽度与长度。为确保精准,使用油性笔在银片上细致地描绘出优雅的曲线位置,为后续的锯切与打磨抛光工序奠定基础。

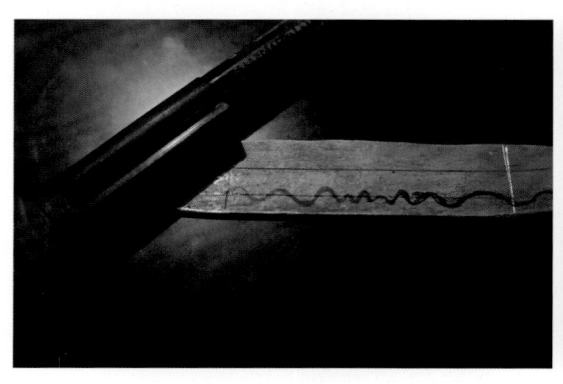

锯切完成后,需要对整体进行锉修以确保平整。接着,将戒指卷至所需尺寸,之后进行细致的打磨抛光。对于固定圈口的戒指,需要在焊接牢固后再进行打磨。而若是开口戒指,只需修整至平整即可。

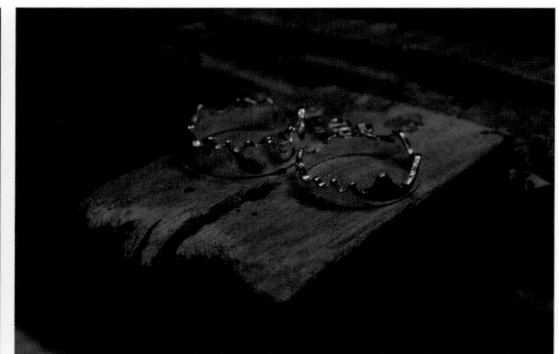

利用同一块片材锯切出的曲线作为装饰,可以制作出别具一格的对戒。当这样的两枚戒指组合在一起时,它们不仅呈现出独特的美感,更增添了深厚的纪念意义。如果两枚戒指的手寸存在差异,可以通过巧妙地设计,确保至少有一段能够完美组合,以此象征着双方的紧密联系与不解之缘。

延伸 2：镂空锯切的方法

为制作出所需的图案，需要在镂空位置打孔。接着，将锯条的一端从锯子上解开，使其能够自由穿入已打好的孔中。利用锯条，结合直线、曲线及转角的锯切技巧，精准地按照图案轮廓进行锯切。注意，每处单独镂空的位置，都要单独打孔以便操作。

下图展现了钻针独特的螺旋形槽设计和大约 60°的尖锐头部结构，这种设计使钻针有不同的尺寸和粗细选择。在进行打孔作业时，我们通常将金属片材放置于稳定的木质台塞上，通过操作吊机手柄垂直向下施加力量来驱动钻针。重要的是，在打孔过程中需要分阶段用力，这样做既可以防止较细的钻针因压力过大而断裂在金属内部，也可以避免钻针因连续工作而过热，从而减少损耗，延长其使用寿命。

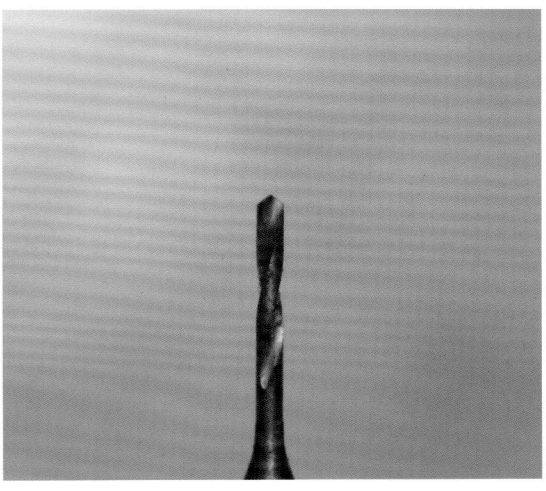

虽然锯切在金属工艺中属于较为初级的技法，但若能根据个人需求恰当运用，同样可以创作出层次分明、图案复杂的精美作品。

3.3 锉修技法及工具的使用

3.3.1 锉

　　锉，这种由钢材打造的小型生产工具，其工作部分通常需要经过淬火处理以增强其硬度。它的表面布满了细密的刀齿和条形纹路，这些设计使其成为修整金属形状和表面的得力助手。不同型号的锉具有不同粗细的刀齿分布，从而在金属表面产生各异的效果。此外，市场上有多种大小和形状的锉可供选择，以满足金属加工中不同位置的需求。

粗略锉修后的断口

锯切之后的断口

3.3.2 锉修

锉修是一种技术方法,旨在将不平整的金属表面修整为相对规整且平滑的面,同时也能将金属材料修整成不同形状的平面。不同粗细的刀齿、形状和大小的锉,其使用的位置和产生的效果也各不相同,因此需要根据具体需求和情况来选择合适的锉进行修整。

所有通过不同平面削减而形成的表面形状,均可借助锉修技术来实现。例如,在横截面为半圆形的条材所制作的戒圈表面,可以锉出多个小平面,这些平面相互叠加,便能形成一种独特的表面肌理效果。又或者在横截面为矩形的条材所制作的戒圈上,通过调整锉修的方向,可以创造出具有不同几何切面效果的刻面戒指,展现出丰富的视觉效果。

3.4 打磨与抛光技法及工具的使用

3.4.1 砂轮机与胶轮

1. 砂轮机

砂轮机主要用于打磨大型物件或磨制工具，而并非直接用于打磨首饰。它更多地被用于制作符合特定尺寸的工具。

2. 胶轮

胶轮在执模过程中有着广泛的应用，同时，它也可以在最后的抛光阶段蘸取蜡质进行抛光以及形状的修整。例如，当某些形状或棱角经过布轮抛光后出现细微的变形或棱角变圆的情况时，可以利用胶轮进行精细的修整。这种修整方式的优势在于，它不会留下锉修或砂纸的痕迹，从而确保了工件的整洁与美观。

3. 砂纸棒

砂纸棒的制作方法是将不同目数的砂纸剪裁成适当大小，然后紧密地裹在砂纸夹上。这种工具可以安装在吊机上，用于对金属进行精细的打磨。通过从粗到细的砂纸目数转换，我们能够有效地磨平锉痕或焊接痕迹，使金属表面更加光滑。完成打磨后的金属部分即可进入抛光处理阶段，进一步提升其光泽度。

砂纸棒的制作步骤如下。

将不同目数的砂纸裁剪成等宽的长条，以备安装在砂纸夹上。砂纸夹设计有一条缝隙，通过夹住砂纸的一端，能够轻松将砂纸裹成砂纸棒的形状。在此过程中，需要特别注意砂纸的安装方向，确保砂纸棒在吊机上转动时与转动方向保持一致。

在裹制砂纸棒时，应确保每一层砂纸都紧贴前一层，以尽量减少层与层之间的缝隙。裹好后，用胶带固定一圈以确保砂纸棒的稳固。若需要区分不同目数的砂纸棒，可以使用纸胶带固定并在上面标明目数，以便于识别和使用。

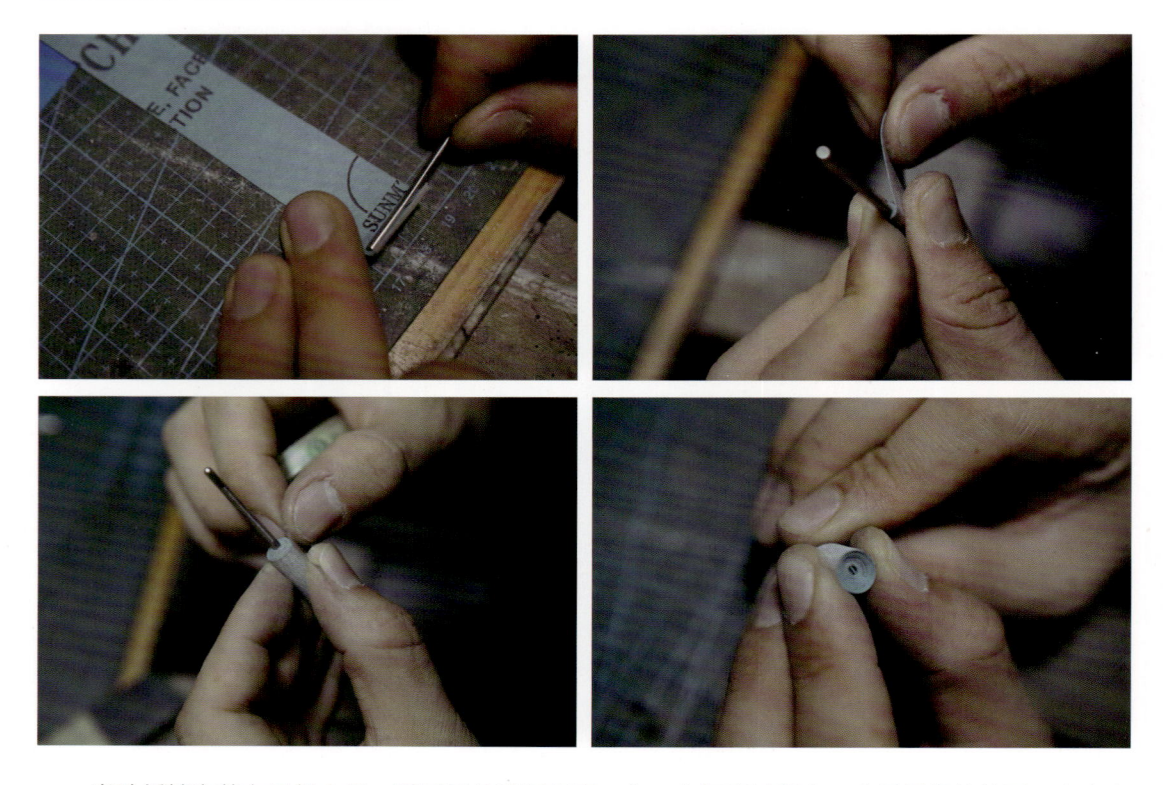

当砂纸棒安装在吊机上后，即可开始进行打磨工作。在打磨过程中，应尽量保持往同一个方向进行均匀打磨，以减少砂纸打磨留下的痕迹，确保打磨效果更加平滑。若最外层的砂纸磨损严重，可以逐层揭下使用过的部分，充分利用每一层砂纸，提高资源利用率。

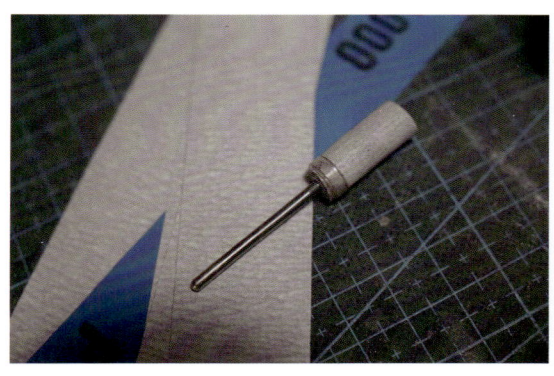

3.4.2 砂纸锥

砂纸锥与砂纸棒的用途大体相同，但砂纸锥的独特之处在于其主要使用部位是锥尖，特别适用于打磨角落和细节部分。然而，由于锥尖的频繁使用，其损耗速度相对较快，因此需要准备充足的数量以便及时替换，确保打磨工作的连续性和效率。

砂纸锥的制作步骤如下。

首先，剪下一块正方形的砂纸。接着，以一个角为中心，将两边向外卷起，逐渐卷成砂纸锥的形状。在此过程中，注意修整锥体的尾部，使其更加匀称。然后，将多余的部分塞入砂纸锥的内部，以确保其稳定性和耐用性。最后，将砂纸锥安装到适用于吊机的任意一根针上，即可开始使用。这样制作的砂纸锥既方便又实用，能够有效地满足各种打磨需求。

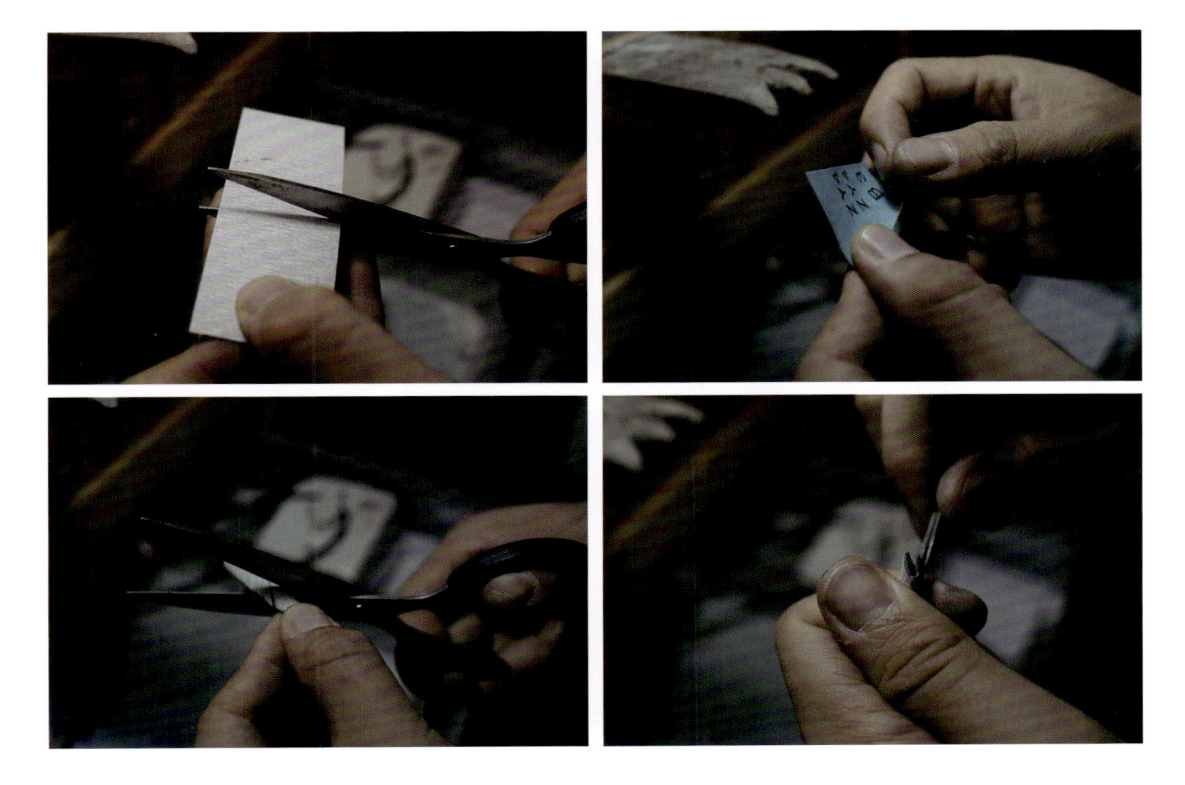

另外，也可以选择剪下一片较大的长方形砂纸，制作成一个长砂纸锥。使用胶带将其固定后，即可像砂纸棒一样逐层揭开使用。长砂纸锥主要适用于手工打磨的场景，其灵活性和便携性使其成为手工爱好者的理想选择。然而，由于其结构特点，长砂纸锥并不适合安装在吊机上使用。

3.4.3 砂纸飞碟

砂纸飞碟在打磨首饰的夹层和反面缝隙时发挥着至关重要的作用。普通的砂纸飞碟夹通常配备一个金属螺丝头，用于刺穿并固定砂纸。然而，对于精细的首饰而言，这个金属头往往显得过于庞大，无法触及细小的地方并进行打磨。为了解决这个问题，我们可以巧妙地利用胶水将废弃的打磨针头粘在砂纸上，从而制作出更小巧的砂纸飞碟。这种改良后的砂纸飞碟不仅正反两面均可使用，而且能够更精准地打磨到首饰的每一个细微之处。

砂纸飞碟的制作通常是将砂纸剪成小片，然后安装或粘贴在打磨针头上。接着，通过转动吊机，并使用带有尖头的工具在砂纸飞碟上描绘出圆片的轮廓。最后，利用同样的尖头工具将不需要的部分裁剪掉，从而得到一个精致的圆形砂纸飞碟。这一过程既需要精细的手工技巧，也体现了对细节的追求和完美的工匠精神。

3.4.4 金刚砂针

金刚砂针原本主要用于打磨、雕刻玉石、宝石等石材，展现出其卓越的磨削能力。然而，在金属工艺领域，金刚砂针同样能发挥重要作用。它可以与执模工具配合使用，提升金属表面的处理效果；或者将光滑的金属表面打磨成磨砂面，以满足特定的工艺需求。这种跨领域的应用，充分展现了金刚砂针在工艺制作中的灵活性与实用性。

3.5 锉修、打磨、抛光技法制作案例

在完成锉修并扫除金属粉末后，金属表面会显现出较为明显的锉痕。为了消除这些痕迹，可以使用由 400 目砂纸制成的砂纸棒，顺着一个方向进行细致的打磨。这样做可以有效地将锉痕打磨平整，使金属表面呈现更加光滑、细腻的效果。

左图为镶嵌完毕之后留下敲击痕迹的宝石镶嵌口；右图是锉修过之后相对平整的面

55

在使用800目、1000目或1200目的砂纸棒或砂纸锥为例进行打磨后，金属表面会变得更加细腻，这为后续的抛光步骤奠定了良好的基础。若采用大型抛光设备，可能只需使用400目的砂纸即可达到要求。然而，在纯手工制作的情况下，我们建议从低目数砂纸开始，逐步过渡到高目数砂纸，直至完成抛光步骤。这样做可以更有效地控制打磨过程，确保金属表面达到理想的细腻度和光泽度。

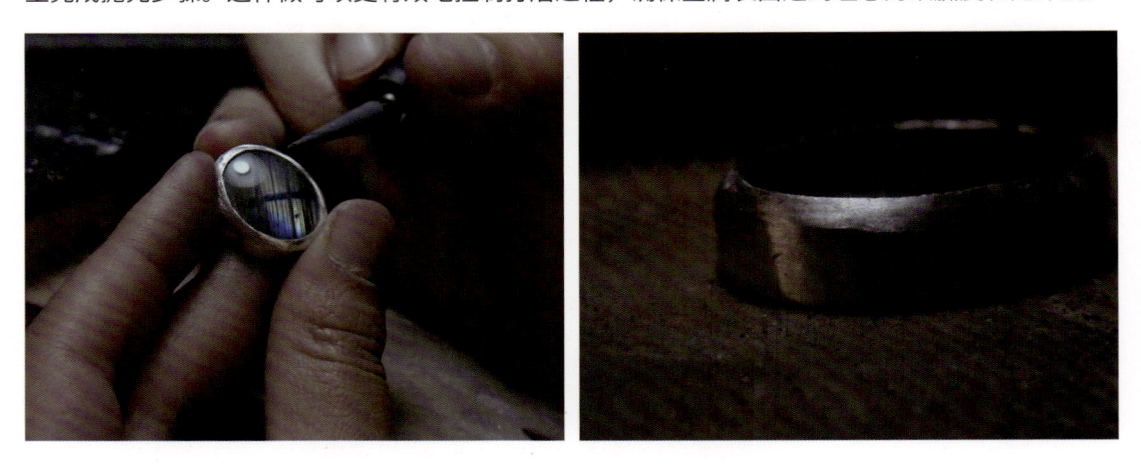

通过使用布轮、羊毛毡等工具蘸取抛光蜡，对已经打磨好的金属部位进行上蜡处理，可以获得镜面般光滑、亮丽的金属表面效果。图中展示了部分金属抛光后的鲜明对比，彰显了这一抛光步骤的重要性和成效。

3.6 铆接技法

　　铆接，也被称为"冷焊接"，是一种无须采用火焊接的方式，便能将两片或多片金属牢固地连接在一起的工艺。

铆接的基本原理是在金属片上打孔并穿入金属丝。若想连接点不凸起,则需要在金属片的正反面预先稍做扩孔处理(即正反面收尾的孔径略大于中间段),之后剪断金属丝并使用小锤轻敲,直至其完全平整嵌入孔内(如下左图所示)。若希望连接点凸起形成蘑菇状,则无须扩孔,可以直接使用錾子或较小尺寸的锤子在金属丝四周敲打,直至塑造出蘑菇状的铆钉形态(如下右图所示)。此外,铆接的独特之处在于,它能够实现多片金属之间的相互连接,同时保持一定的活动性,这是焊接所无法比拟的。

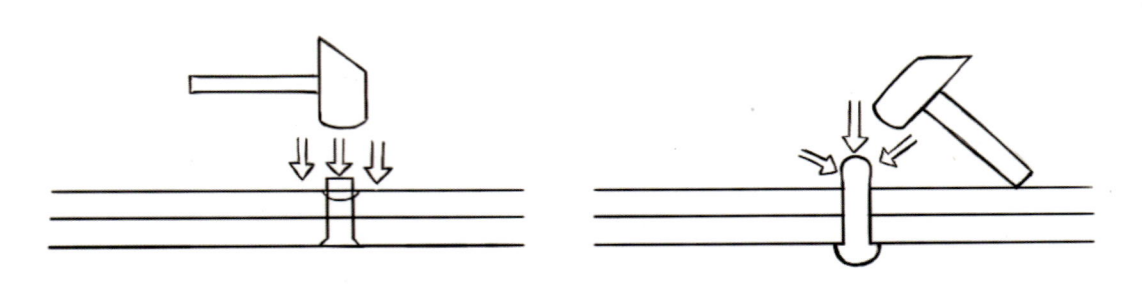

3.7 压延与拉丝

3.7.1 压延

块状的金属材料需要经过压延处理,以达到适宜的厚度,从而便于后续的加工流程,如锯切、焊接等。压延这一步骤不仅能使金属材料变薄,还能有效地增加其表面积。同时,在压延过程中,还可以巧妙地在金属材料表面留下压花的精致纹理。

将块状金属材料压成片状的步骤如下：首先，通过转动压片机的齿轮手柄，调整滚轴部分至恰好能放入金属块的高度（通常顺时针旋转可抬高）。接着，逆时针旋转半圈至一圈以确保紧固。对于电动压片机，只需打开开关即可进行压片；而手动压片机则需通过转动长手柄来操作。两种压片机都可以通过选择滚轴滚动的方向来控制金属材料在压片机中的前进或后退。对于新手来说，建议先使用手动压片机以确保操作安全。

压延过程需要经过反复操作，并辅以退火处理，直至金属片材达到所需的厚度，从而确保加工效果的精准与可靠。

压花纹理的制作方法

压花纹理的制作过程是通过压片机将有凹凸纹路的素材，如羽毛、树叶叶脉、麻绳、蕾丝或纸板材料等，压印到所需制作的金属材料上。这种方法可以将各种自然和人造材料的独特纹理转移到金属表面，为首饰制作增添别具一格的装饰效果。

以银片材为例，操作方式如下：首先，需要对一块银片和一块铜片进行充分的退火处理。接着，将带有纹理的材料（如羽毛）夹在这两种金属片材之间。然后，调整压片机至完全能容纳所有片材的高度，并往反方向紧固1~1.5圈（具体调整可根据实际材料情况而定）。由于铜片的硬度略高于银片，因此，将这两种材料夹在一起进行压花，可以使银片上的纹理更加清晰。

压片机压印羽毛材料过程示意：上层为银片，下层为铜片，中间夹带着压花用的羽毛，通过压片机的滚轮进行压印

麻绳压花纹理　　　　　　　　　　　　蕾丝布料压花纹理

延伸 叶脉压花戒指

采用上述压花方法，我们可以巧妙地将叶脉纹理压印到银片上。随后，根据所需戒指的宽度，精准地锯切出相应的条材，以备后续的戒指制作流程。

根据需要的尺寸，将多余的条材锯切掉，仅保留能够形成圆环的部分，以确保戒指制作的精确度和美观性。

若希望叶脉纹理更加凸显，可以尝试配合做旧处理，随后再精心打磨掉表面部分。这样，缝隙里保留的做旧效果将使叶脉纹理更加立体且富有层次感。

"世界上没有两片完全相同的树叶"，这一理念为我们的叶脉纹理戒指赋予了独特且富有趣味性的意义。作为对戒，每一枚戒指都拥有独一无二的叶脉纹理，象征着爱情的独特性和珍贵性。同时，我们也可以选择搭配卷成花朵形状的条材，与树叶题材相互呼应，为戒指增添一份自然与浪漫的气息。

3.7.2 线材

　　线材在压条前的准备过程中，通常需要将金属材料熔化后倒入细长形状的油槽中，待其冷却凝固后取出。随后，通过压片机上的压条方槽逐步对金属条进行压制，使其逐渐变细变长。在此过程中，必须注意配合退火处理，以确保金属在反复压制过程中不会因过度延展而裂开。当金属条达到适合拉丝的粗细后，需要将其一端敲打或打磨成尖头形状。接着，使用拉丝板找到与金属条相匹配的孔洞，继续搭配退火操作，逐步将金属条拉制成横截面为圆形的细丝，直至达到所需的粗细程度。此外，拉丝板还提供了三角形等其他形状的孔洞，以满足不同的加工需求。

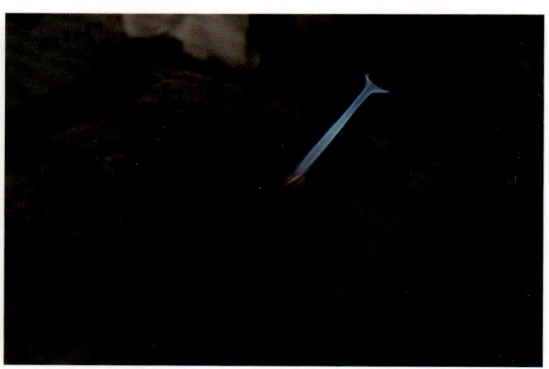

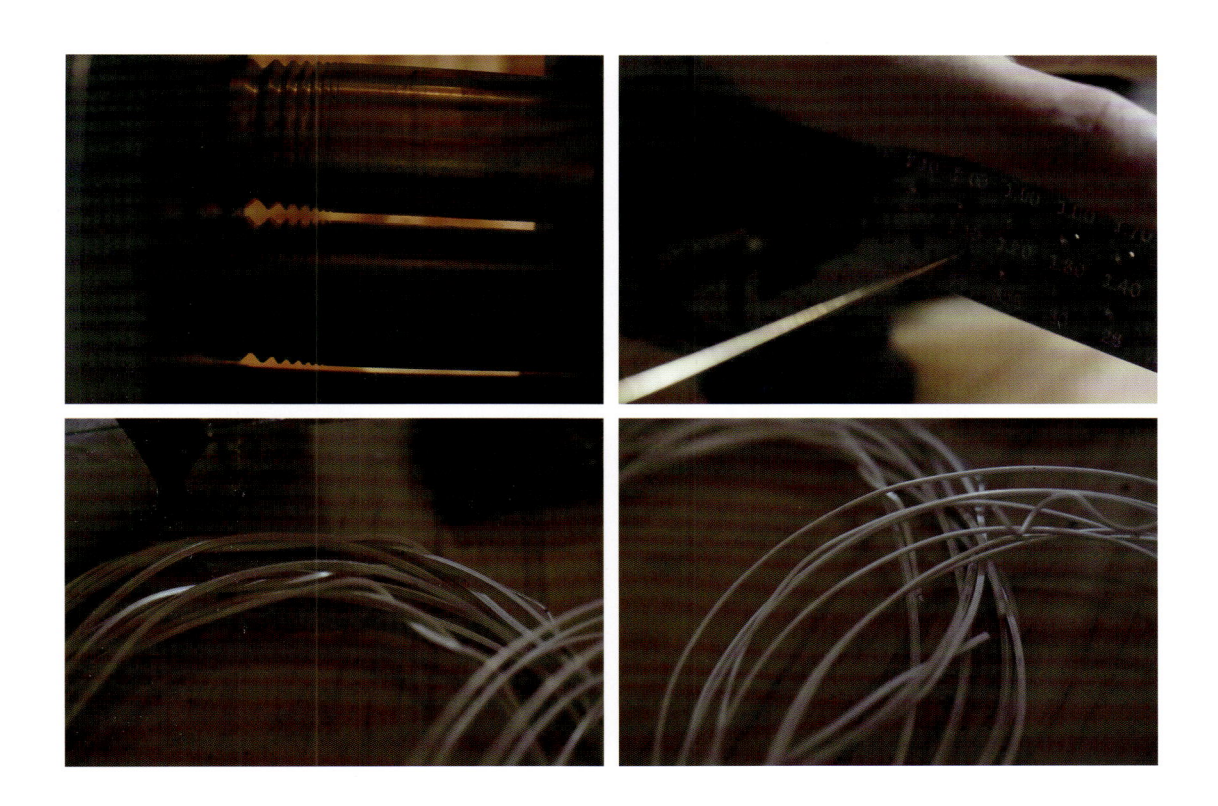

3.7.3 管材

　　管材的制作过程通常包括以下步骤：首先，将金属片放入半圆槽坑铁内，并使用錾子逐步敲击，直至其接近圆柱形；随后，进行退火处理以优化材料的性质，再通过拉丝板进一步加工；最后，将管材的开口部分焊接封闭。此外，也可以选择直接使用大型工厂生产的管材半成品，以提高制作效率。

3.8 焊接

3.8.1 焊接的方式

　　首饰焊接是一种利用高温将首饰上的不同配件接合在一起的技术。通过这项技术，我们可以巧妙地将各种形状的金属配件焊接组合，塑造出符合个人需求的独特造型。随着时代的进步，除了传统的焊接手法，激光点焊机等先进焊接设备也应运而生。

　　在实施焊接过程中，焊料和助熔剂发挥着至关重要的作用。它们被用于将不同的金属配件紧密组合，随后通过火枪精确控制金属温度，直至达到焊料的熔点。焊料在熔化后再经冷却，便能牢固地将各金属部件接合在一起。

3.8.2 焊剂

　　焊接过程中，针对不同金属材料需要使用对应的焊剂。

✳ **银焊料**

1. 低温焊料

　　低温焊料含有约 60% 的银，其余成分为铜、锌等合金，则其熔点大约会维持在 650℃。此类焊料的特点在于其较低的熔点，使焊接过程变得易于操作。同时，它具备良好的流动性，降低了对焊接技术的要求。然而，值得注意的是，银含量较低的焊料在长时间使用后，焊点可能会因氧化而产生明显的色差，尽管在初次的打磨抛光后这种差异可能并不明显。

2. 中温焊料

　　中温焊料的银含量约为 70%，其余由铜、锌等合金构成，熔点大约在 750℃，属于中等熔点焊料。相较于低温焊料，其熔化时间更长，因此需要更熟练的焊接技术来操作。值得注意的是，若焊接过程中操作不当，焊料中的锌可能会因长时间加热而挥发，导致焊料失效。此外，中温焊料在色差方面介于高温和低温焊料之间，使用时需要谨慎考虑其对整体美观度的影响。

3. 高温焊料

　　高温焊料的银含量高达 80% 左右，甚至在某些情况下能达到 85%，其熔点也相对较高，约为

850℃。由于其熔点最高，这种焊料不易熔化，对焊接温度的控制要求尤为严格。若操作不熟练，有可能会连同待焊接的银件一并熔化。不过，相较于低温和中温焊料，高温焊料的色差最小，颜色最接近纯银本色。

在实际应用中，这三种焊料可以灵活搭配使用，尤其适用于复杂的焊接件。通常的焊接顺序是先用高温焊料，再用中温焊料，最后用低温焊料，将它们分别放置在适当的焊接位置。这样，在焊接后续部分时，已焊接的前部分不会因再次受热而熔化。

银焊料常见的形态包括焊片、焊条和焊粉。焊片可剪成小片使用，便于精确控制用量；焊条则可以在银件加热后直接接触熔化，特别适用于焊接链条等部件；而焊粉则常用于掐丝珐琅和花丝工艺中，既可掺入助熔剂撒布使用，也可掺水调成糊状进行沾涂操作。

✳ K金焊料

K金焊料通常也分为高温、中温和低温三种类型，其熔点与银焊料相近。在实际应用中，中温焊料和低温焊料较为常见，而低温焊料的使用频率最高。由于K金本身就是一种合金，其色差问题并不突出。同时，高含金量的K金合金相较于银和铜更不易氧化变色。因此，基于使用的便捷性，低温焊料在K金焊接中得到了广泛应用。

✳ 铂金焊料

铂金焊料因其材料特性，其低温焊料的熔点约为900℃，中温焊料熔点约为1300℃，而高温焊料的熔点更是高达1500℃左右，显著高于银和K金的熔点。因此，在进行铂金类焊接时，对温度的控制要求尤为严格。

✳ 助熔剂

助熔剂的主要成分为硼砂，甚至可直接使用硼砂作为助熔剂（使用过程中会膨胀并产生气泡）。然而，对于新手而言，市场上专门配置的助熔剂更为友好，其流动性更佳。助熔剂在焊接过程中扮演着至关重要的角色，它能够有效增强焊料的流动性，是焊接过程中不可或缺的媒介。使用时，助熔剂可以加水后用刷子涂抹，也可以直接在粉末状态下使用。在焊接前，需要将其涂抹至焊料需要流动的位置。

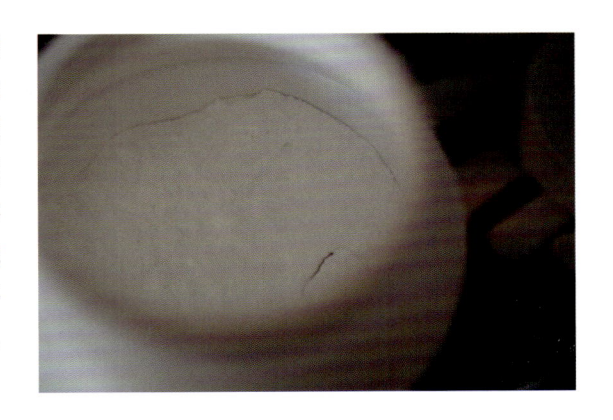

3.8.3 稀酸配置

关于酸液配置，硫酸的使用条件和配置要求较高，同时也存在一定的危险性，因此可以考虑使用硝酸或盐酸作为替代。在稀释酸液时，必须严格控制浓度，操作时应先准备好水，然后缓慢将酸液倒入水中，切忌将水加入酸液中，以防范可能产生的危险。若之前从未进行过此类操作，且周围无专业人士指导，建议避免自行操作。若需要清洗焊接过程中产生的氧化物，可以采用明矾煮沸的方法进行清洗。

以下提供几种酸液配置的参考比例。

※ 黄金清洗液：盐酸 50%，硝酸 20%，水 30%。

※ 银清洗液：水 70%，硝酸铁 30%（或者硝酸和盐酸各占一半）。

※ 铜清洗液：水 75%，硝酸 25%。

请注意，以上比例仅供参考，实际操作时应根据具体情况进行调整，并确保在专业人士的指导下进行。

3.8.4 烧焊步骤

以单焊点戒指为例，焊接时只需在缝隙处均匀涂抹助熔剂，随后将焊片垫置于戒指缝隙下方，再从戒指上方进行加热。随着温度的升高，焊料会顺着助熔剂和高温区域流动，从而填补缝隙完成焊接。在此过程中，务必确保接口处对齐，以避免焊接过程中产生过大的缝隙。

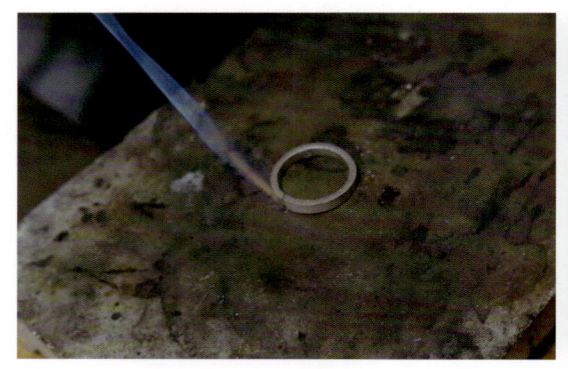

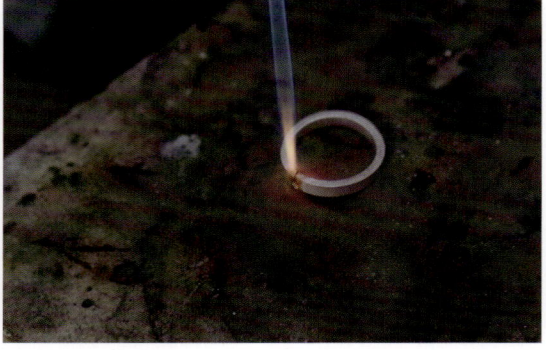

把焊料打磨掉后，基本看不到焊口。

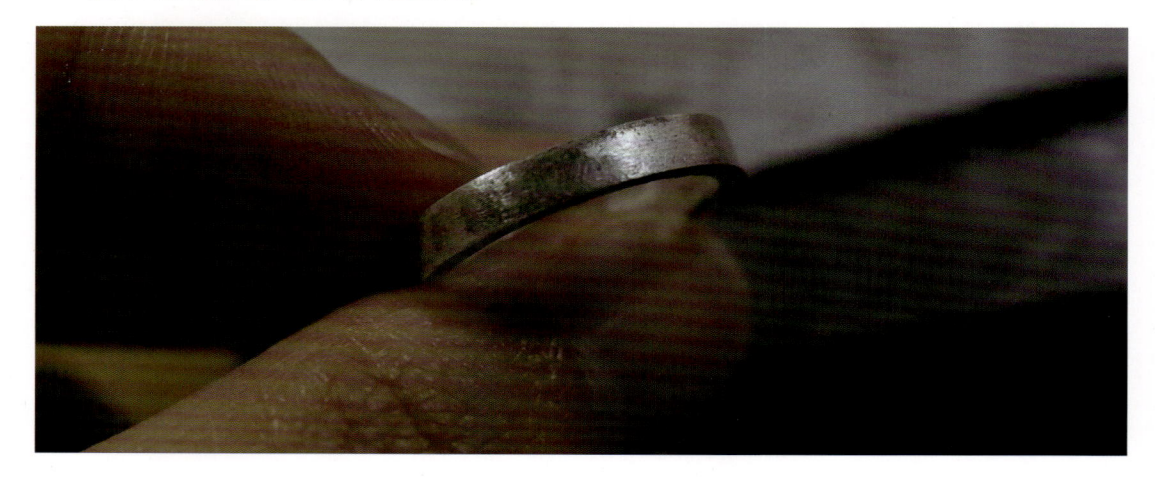

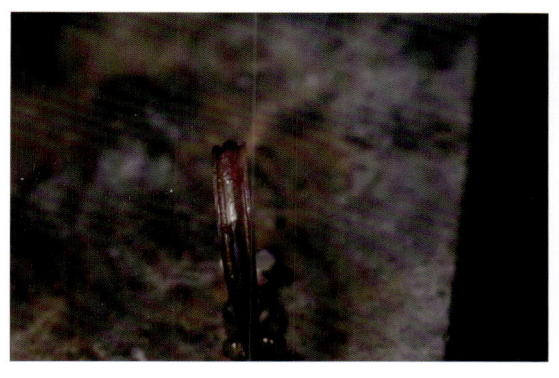

以 18k 黄金、白金和玫瑰金的焊接件为例，为确保焊接过程的精准性，可以在焊接前进行开槽或使用点焊机进行定位，从而有效避免焊接过程中出现错位。随后，整体加热直至焊料完全熔化，此过程中应特别注意确保无缝隙遗留。焊接完成后，使用沸腾的明矾水进行彻底清洗，以保证焊接件的质量和美观。

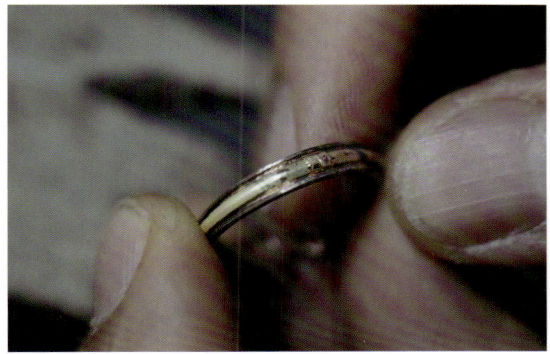

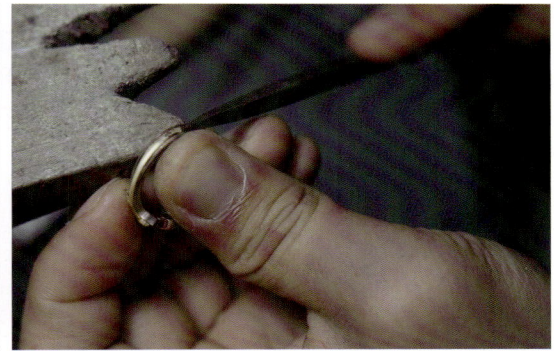

把多余的焊料打磨掉，注意凹槽里的焊料也需要处理。使用锉子修整金属后，往往会在表面留下锉痕。为了消除这些痕迹，可以配合使用砂纸进行打磨，直至金属表面呈现光滑、均匀且平整的状态。

经过抛光处理，可以清晰地看到 3 种颜色的贵金属完美融合，焊接痕迹几乎无迹可寻。因此，在首饰制作中，焊接不仅是一种将不同部件连接在一起的工艺，更在某种程度上赋予了首饰装饰性和美观性。从工艺的角度来看，我们应尽量减少焊接痕迹的显露，同时还需要确保焊接部件的牢固性。

延伸　点焊法

整体加热焊接中的点焊法，是一种精细的焊接技术。它首先将小块焊料熔化成一个小球，然后利用镊子将这个小球精确地放置在需要焊接的位置上，随后进行烧焊。这种方法特别适用于具有多个焊点的首饰，例如手链等。当然，对于手链这类首饰，焊条焊接也是一种很好的选择。

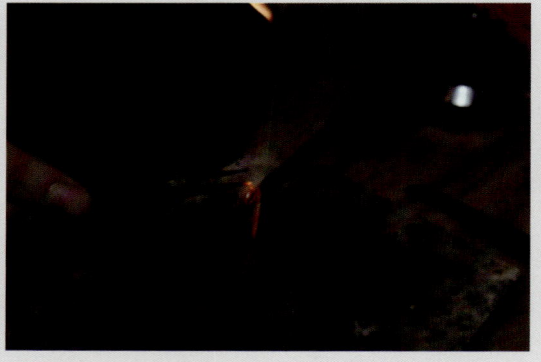

具体的操作步骤如下：首先，将焊片剪小，蘸取适量的助溶剂，然后将其粘在镊子的外侧并烧熔成小球状（或者将整块焊料熔化一小部分，用镊子分取一小块下来再熔成小球）；接着，将这个焊料小球精确地点到已经涂抹了助溶剂的需要焊接的位置；最后，加热金属件直到焊料完全熔化，从而完成焊接。

如果首饰上需要焊接的地方较多，可以巧妙地使用高、中、低温焊料错开使用。这种方法可以确保在反复焊接的过程中，焊件不会因过热而散开，从而保证了焊接的牢固性和首饰的整体美观性。

3.8.5 控火技巧

在学习焊接技术时，我们经常会听到"软火"与"硬火"，"文火"与"武火"的说法，这些术语用于描述在不同焊接情况下所使用的火焰类型及其特点。

还原焰：即未完全燃烧的火焰，会在手持喷枪抖动时随之摇晃。由于其特性，常被用于退火过程，而且不易烧化金属。此外，位于还原焰和氧化焰之间的中性火焰，也常被用于退火操作。

氧化焰：即相对充分燃烧的火焰，具有稳定的特性，手持喷枪时火焰不会摇晃，而是形成一条直线，火力集中。在小火枪火势较细的情况下，它常被用于精确焊接指定位置。

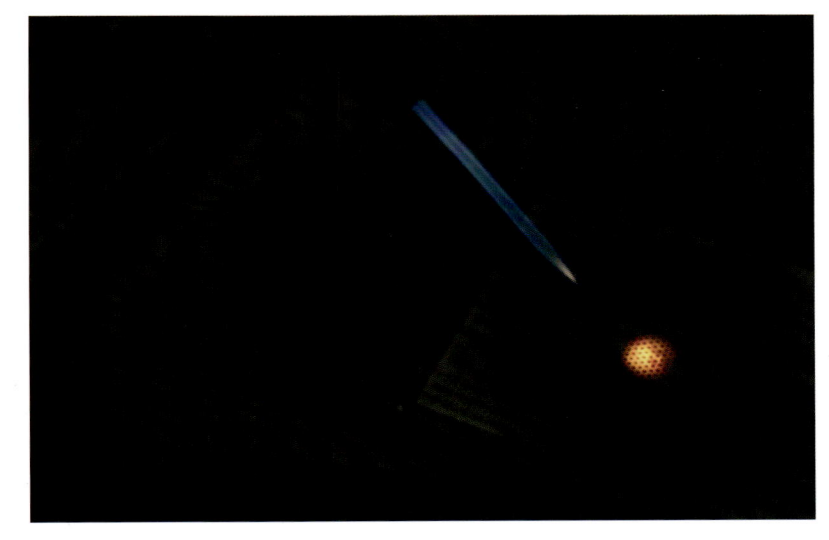

中性焰：即在使用大号喷枪时，相对充分燃烧的火焰，非常适合用于熔银操作。

3.8.6 烧焊技巧

✳ 工具

烧焊工艺中，焊枪无疑是最重要的工具。传统的焊枪中，常见的是那种采用脚踩式皮老虎的款式（如下左图所示），它主要以白电油为燃料。为了提升稳定性，可以将脚踩部分替换为电动泵，或者连接到多功能熔焊机上。另外，还有一种焊枪（如下中图所示）能同时使用氧气和燃气，这需要接入氧气罐和燃气罐。再者，纯氧焊枪（如下右图所示）也是一种选择，特别适用于小件焊接。由于它使用纯氧，火力集中且温度高，作用范围小，因此可以局部熔化金属边缘，实现自然的熔融效果。

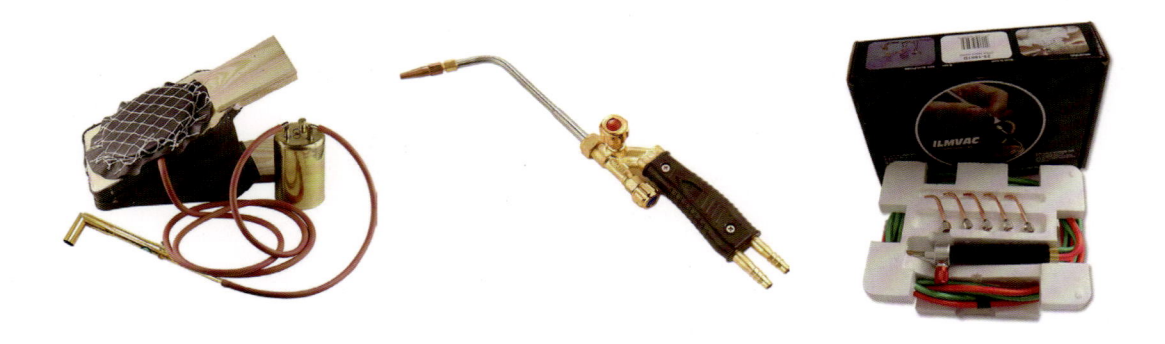

影响烧焊的主要因素如下。

1. 温度

在进行焊接工作时，确保物件的整体温度维持在一个相对稳定的区间是至关重要的。我们不能仅聚焦于需要焊接的部分，而应先对其他部分进行预热，以尽量保持焊接件的温度均衡。需要注意的是，焊料会流向温度较高的区域，而不仅停留在需要填补的缝隙中。因此，在焊接过程中要特别关注加热的位置。此外，火焰的大小应根据金属件的大小和厚度进行调整。如果金属件过大而整体温度不足，焊料可能无法熔化；相反，如果金属件较小或较薄，加热过程中可能会导致某些部分完全熔化。同时，还要注意耐火砖等辅助工具对温度的影响，这些工具可能会改变焊接环境的温度。在必要时，可以使用蜂窝状的耐火砖来协助控制温度。

2. 焊料

焊料中除了金、银成分，还含有易挥发的锌。若长时间进行烧焊作业或焊粉类焊料保存不当，均会导致焊料失效。为确保焊接质量，需要在适宜的温度和时间条件下使用焊料。同时，助熔剂的加入能提升焊料的流动性，使其在过度烧焊前能顺利流入相应的缝隙。

以焊接盒子为例，操作步骤如下：首先，在需要焊料流动的位置涂抹助熔剂；接着，将焊片剪成小块，并预先加热一次使其熔化，以避免在摆放另一配件时出现过大缝隙或焊片移位，此过程中需要避免过度烧焊。在焊接类似物件时，可以借助铁丝进行固定，以确保两个配件能更紧密地焊接在一起。使用铁丝等辅助物品时，应小心保护盒子的花纹和造型。对于纯手工制作的盒子，在焊接前使用砂纸进行找平处理，有助于提高焊接效果，因为两个配件的贴合度越高，焊接质量越佳。

　　采用相同的方法完成上下两个片材的焊接后，将多余部分锯切并打磨平整，然后从中间锯开。随后，在盒子内部添加一层用于固定的盒边。最后，使用明矾水煮沸清洗所有焊接过的物件。明矾水能在一定程度上清除焊接过程中产生的氧化物，但焊接痕迹仍需通过砂纸打磨和抛光处理，以获得更佳的外观效果。

焊接成品展示

在焊接过程中，确保焊料均匀流动是实现无缝焊接的关键。通过精细操作，焊料能够充分填补接合处，避免缝隙的产生。经过冷却和打磨处理后，焊接痕迹几乎难以察觉，呈现高度一体化的美观效果。

3.9 拉丝与焊接技法结合设计制作案例：链条

以足金材料为例，首先将其置于坩埚中，并用火焰加热至熔点。在持续的加热下，金料逐渐熔化成液态，并在坩埚内汇聚成一个熠熠生辉的圆饼，完全不粘连容器内壁。随后，将液态金料倒入预备好的油槽中。若油槽内油量充足，可直接进行倾倒；若油槽内仅薄薄刷了一层油，则需要提前预热油槽，以确保熔点状态下的金属液体能够顺利倒入。金属在油槽内逐渐凝固后，待其冷却，使用锤子和四方铁进行平整处理，以便于后续放入压片机内进行压条操作。

金属条经过压片机的压条槽，通过反复退火处理，不断调整至所需的粗细程度，最后再通过拉丝板进行进一步加工。

将金属条圈成所需大小后，若是足金圈，则无须额外添加焊料。只需整体加热至熔点，然后停止加热，便可让整个金圈在熔点状态下自然熔焊在一起，形成一个完整的环状结构。

按照链条所需的排布方式，精确分布开口圈和闭口圈，必要时在开口处做上明确的标记，以便于后续的焊接工作。在环与环之间连接紧密的情况下，务必谨慎操作，避免将所有圈都焊死在一起。此时，可以巧妙运用阻焊剂，或者配合激光点焊机来进行精细焊接（需要注意的是，激光点焊机对K金的焊接效果相较于足金或足银更为理想）。

当链条的颜色和款式较为单一时，可以考虑融入不同颜色的金属来丰富其配色。如下图所示，通过加入白色的 18K 金作为点缀，为整体增添了一抹亮色。但需要注意，白色 18K 金在制作完成后，需要再电镀一层铑，以确保其色泽明亮不发灰。对于结构较为复杂的链条，若电镀过程较为困难，建议在圆环阶段就预先进行一遍电镀处理。

为链子的尾端选择适合的扣头至关重要。除了常见的通过变形实现开合功能的 S 扣和 W 扣，还可以考虑安装带有弹片的扣子，这种扣子既实用又具有一定的美观性。

3.10 金属线材扭转设计制作案例：手链

这里所展示的线材扭转工艺，采用的是横截面为方形的线材。在操作过程中，首先将线材的一端牢固地固定在台钳上，而另一端则可以使用平嘴钳或另一个台钳进行固定并旋转。通过持续而稳定的旋转动作，直至扭转出所需的麻花纹路，从而完成整个扭转过程。

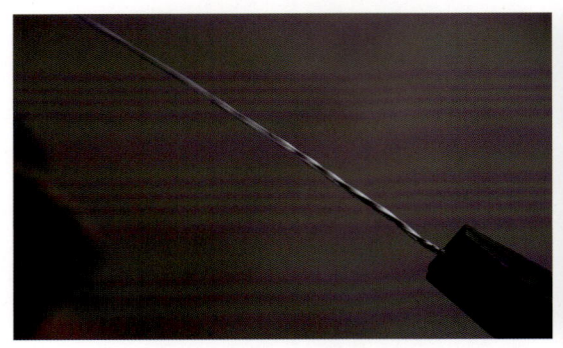

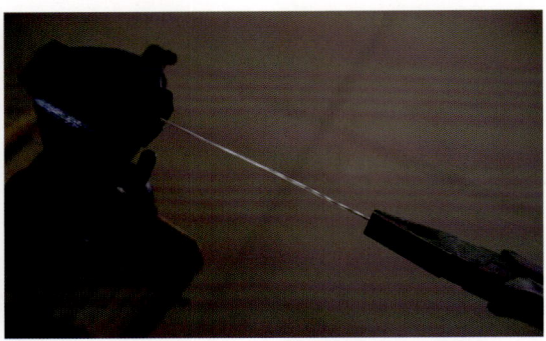

退火处理完成后，需要精心挑选合适粗细的绕线器，将麻花线材仔细绕成圈状。随后，逐一进行锯切操作，确保每个线圈都精准分离。

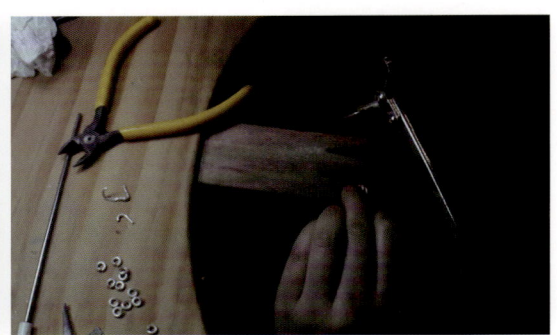

在获得所需圆环后，根据个人喜好的款式，确定所需开口环和闭口环的数量。在本例中，我们选择将所有经过扭转的线材焊接成闭口环，然后利用稍小一号且未经扭转的线材进行连接，最后统一进行焊接处理。

首先，将需要变成闭口环的圆环进行焊接，此时可以采用点焊的方法来完成这一步骤。

接下来，按照顺序使用剩下的开口环将所有闭口圆环连接起来。在焊接过程中，如果不慎让多余的焊料流出，导致不需要的部分被焊接在一起，需要在加热过程中及时将误焊的地方分开。这种类型的手链通常会使用到 S 扣作为连接部件。

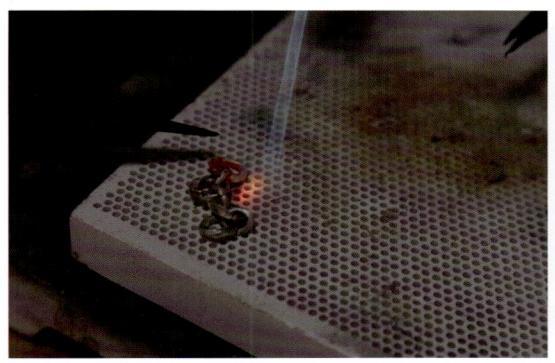

延伸 金属条材料的扭转案例

当采用横截面为正方形的条材，并按照一定规律进行分段錾刻，随后锯切边缘，经过退火和扭转处理后，便能形成各具特色的花型条材。这些条材可广泛应用于戒指、手镯等配饰的制作中。值得一提的是，此类工艺在铁艺领域尤为常见，为饰品增添了独特的艺术韵味。

手镯和戒指（由李业燊先生和孙婧文女士制作）

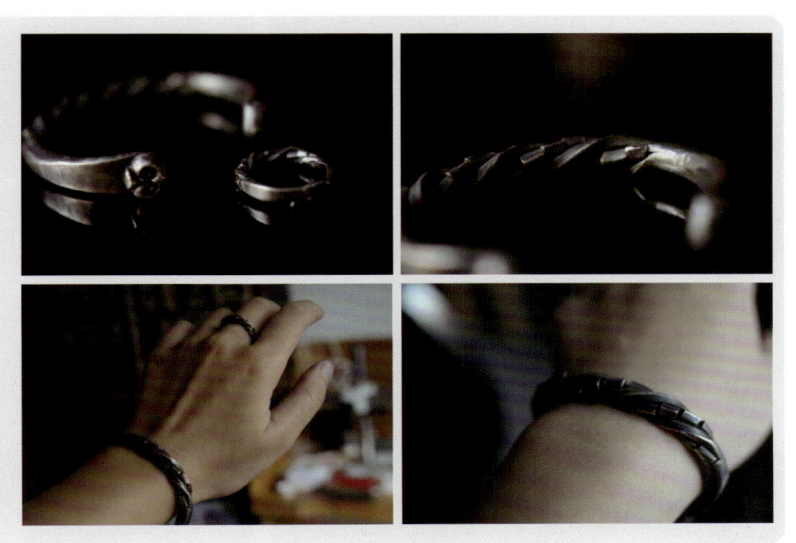

3.11 压片及压片纹理设计制作案例：耳环

本例制作的耳环，采用前述的压花技巧进行压延处理，分别在材料上印刻出树叶与羽毛的精致纹路。随后，依据包镶工艺的标准流程，焊接镶口，并巧妙地将展现猫眼效应的月光石包裹其中。最后，装配上耳钩配件，一对别致的压花耳环便大功告成。

树叶的纹理可以通过压印在正反两面来呈现，随后使用胶锤进行塑形，从而制作出具有立体感的树叶配件，增添独特的自然韵味。

3.12 表面装饰

3.12.1 肌理

使用锤子的背面，可以巧妙地敲打出条纹状的肌理。在敲打过程中，既可以选择顺序敲打以呈现规整的条纹效果，也可以尝试错开方向进行随机敲打，从而创造出更为自然且富有变化的纹理。

利用圆头錾子或窝作工具，可以精心敲打出独特的锤纹肌理，为作品增添细腻的质感与视觉层次。

通过吊机安装不同的针头，可以打磨出具有各异刮削质感的肌理。例如，使用薄飞碟针进行顺序刮削，可以形成独特的拉丝效果，这种效果非常适合表现毛发等细节。此外，通常的细拉丝效果是通过锉子或粗砂纸顺着一个方向打磨而获得的。而另一种拉丝效果，则是利用铲刀按照同一方向铲削，从而得到如丝绢般光泽的金属表面效果。

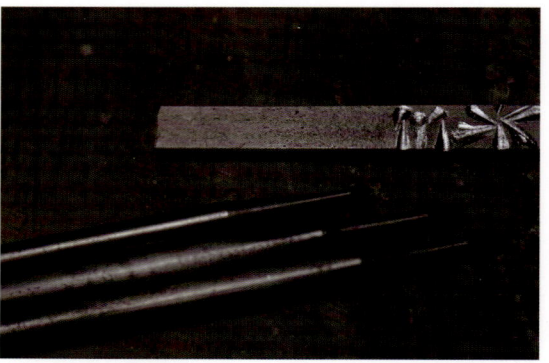

将不同的肌理运用在同一块金属材料上，可以创造出独一无二的装饰效果。同时，这些独特的肌理还可以与做旧效果巧妙搭配，共同营造出别具一格的视觉感受。

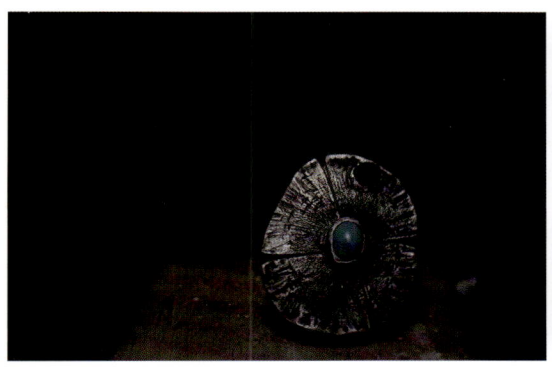

下图展示了一只将不同锤纹巧妙组合的戒指，呈现独特美感。

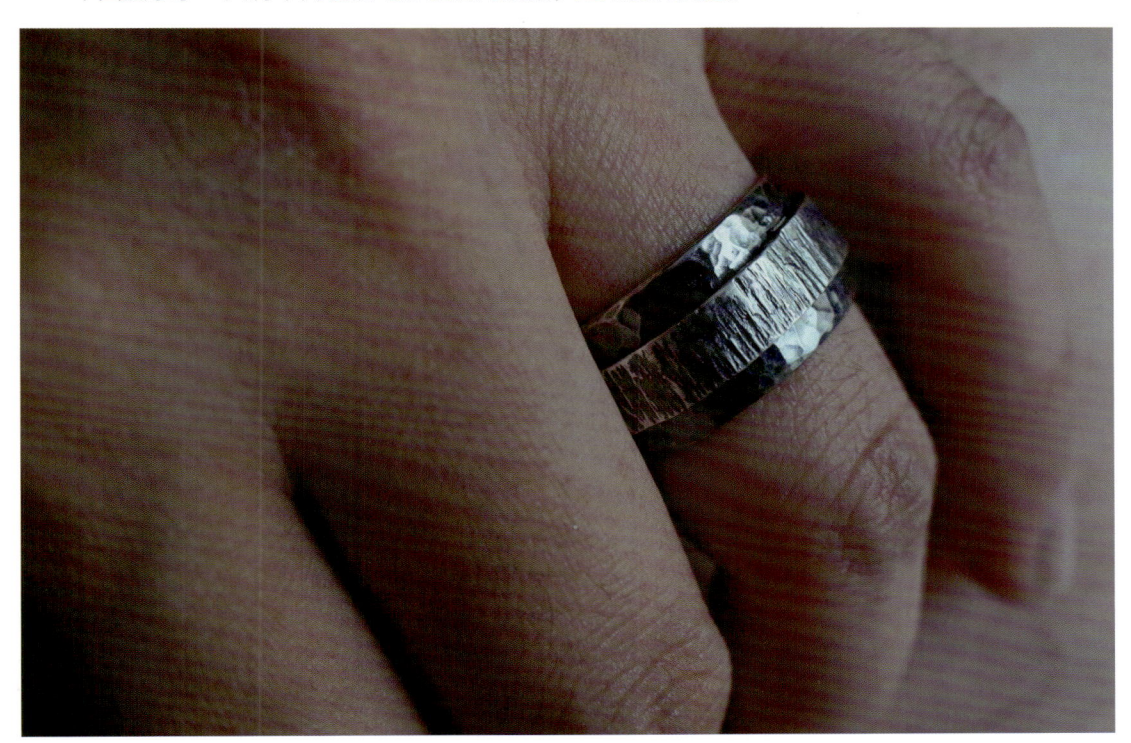

3.12.2　打磨抛光

打磨通常是在半成品件表面不规整或不光滑时进行的处理步骤，通过使用锉刀或砂纸进行层层细致的打磨，直至其表面达到符合抛光处理的标准。而抛光则是对已经符合抛光标准的半成品件进行进一步的处理，通过使用抛光蜡配合布轮或羊毛轮，将金属半成品抛光至镜面效果，且不带任何打磨痕迹。在此过程中，不同颜色的蜡代表着不同的粗细程度，同时，根据细节需求选择不同大小和形状的抛光头，以确保整个金属件能够完整且均匀地抛光。

3.12.3　电镀

电镀作为一种广泛应用的表面处理工艺，能够将金属表面转变成金色、银色、玫瑰金色、黑金色等多种色彩。然而，电镀层相对较薄，容易遭受磨损，并且在银质材料表面使用时，还容易氧化。因此，我们更推荐使用金属本色进行电镀，以达到提亮的效果。例如，原本发灰发黄的 18K 白金金属，在电镀铑之后，会转变为光亮的银白色，显著提升产品的出货质量。对于分色的 18K 金件，按其本色进行分色电镀，不仅能增强颜色的对比度，还能让整个金属件呈现更加丰富的层次感。

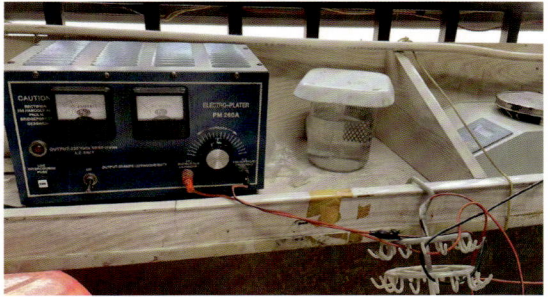

若打算将单一色彩的金属电镀成另一种颜色，则需要做好应对氧化或磨损的准备。以银镀金的花丝凤簪为例，放置一段时间后，其表面就可能会氧化变黑，特别是那些焊料使用过多的作品，氧化速度会更快。因此，在选择电镀工艺时，应充分考虑其长期效果和维护需求。

左图为未电镀的效果；右图为电镀金色的效果

3.12.4　做旧

做旧工艺通常指的是银质材料在经历硫化反应后，其表面所发生的一系列变色现象。在这一过程中，银并不是直接转变为黑色，而是首先呈现黄色，随后逐渐经过多个颜色的过渡，最终演变为深黑色。这种独特的变色特性为银质工艺品的制作提供了丰富的创作空间，使工艺品能够展现出多样化的视觉效果。值得注意的是，硫化层仅覆盖在银的表面，一旦进行打磨处理，银质材料便会恢复其原有的本色。

可以使用含硫物质进行高温煮制来实现做旧效果，或者选择使用市场上现成的做旧液来达到同样的目的

未完全硫化的錾刻鲸鱼盘　　　　　　　　　　　　做旧液

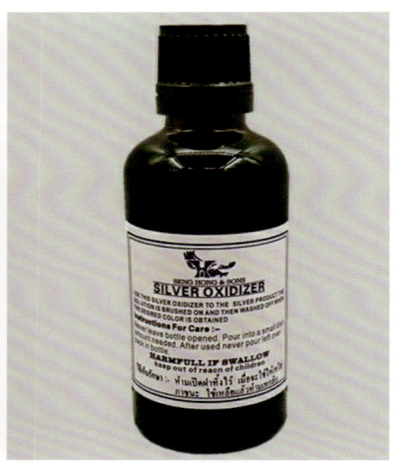

左图展示了未做旧的原始效果，而右图则呈现了经过做旧处理，并辅以砂纸打磨细节后的效果

3.12.5 喷砂

喷砂，是一种在光滑金属表面上创造亚光效果的工艺。该过程涉及将玻璃砂喷射到金属表面，以形成细腻的磨砂质感。根据需要达到的不同效果，可以选择使用粗砂或细砂。若追求更为独特的视觉效果，还可以选用能呈现闪光效果的钻石砂。通过这种技术，金属表面能够展现出别具一格的美感和触感。

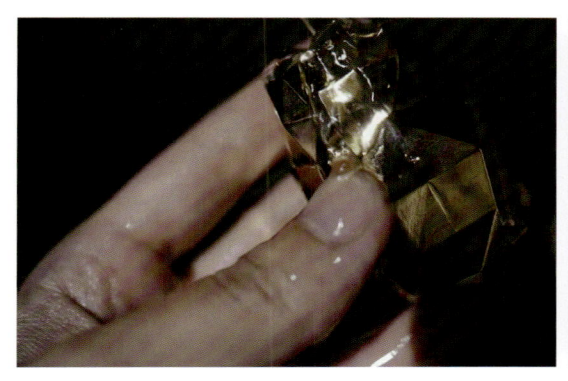

左图为抛光效果；右图为喷砂效果

3.12.6 压光

压光工艺通常应用于纯金材质。由于纯金具有较软的物理特性，一般不采用蜡抛光的方式进行处理。相反，我们可以使用玛瑙刀进行精细的打磨和抛光，而且往往无须借助砂纸，便能实现压光后的抛光效果，使纯金表面呈现光滑、亮丽的质感。

CHAPTER 4
雕蜡起版首饰制作技法

4.1 雕蜡起版的制作方法

4.1.1 失蜡浇铸的原理

失蜡浇铸技术的原理是将所需的蜡模附着在蜡树上，随后灌入石膏，待石膏完全干燥后，脱去蜡质，从而制作出石膏模具。在获得石膏模具后，将熔化的金属液注入石膏模具的空腔中。为确保铸造品质，需要特别注意避免产生枯金、大尺寸砂眼或结构性缺陷，这时可以采用基于离心率原理的浇铸机器进行浇铸。当金属溶液冷却凝固后，将石膏放入冷水中使其炸裂，从而取出浇铸件。

左图为烘焙石膏的机器。在进行焙烧之前，必须先进行真空抽取处理，随后让石膏静置60~120分钟，以确保其状态稳定。接下来，将石膏放入机器中进行升温操作。升温的首个阶段旨在去除石膏内部的自然水分。此过程需要经过多次保温与再升温的循环，最终实现高温烧结与彻底除蜡。值得注意的是，在排水过程中，应保持机器半开门状态或伸入送气管，以确保操作的安全性与有效性。

若铸造设备非一体化，则需要单独取出钢盅并置于铸造机中。通常，这类铸造机配备有真空吸附功能，其带弹簧的平面平台用于抽取真空，同时配备真空泵和真空罩，以抽取石膏中的空气，进而减少铸造品中的砂眼和较大缺损。在倒入熔化的金属液体时，带有吸附功能的铸造部分同样发挥着关键作用，旨在防止铸造品内部因有过多空气而产生砂眼。

弹簧平台上的抽真空部分配备了一个罩子，该罩子专为抽真空过程中的密封需求而设计，以确保得到有效的真空环境。

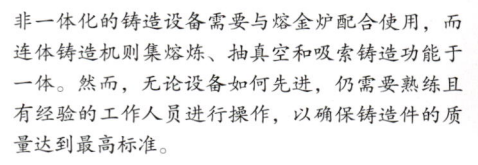

非一体化的铸造设备需要与熔金炉配合使用，而连体铸造机则集熔炼、抽真空和吸索铸造功能于一体。然而，无论设备如何先进，仍需要熟练且有经验的工作人员进行操作，以确保铸造件的质量达到最高标准。

首饰失蜡浇铸原理示意（详见 P6）

4.1.2 蜡的种类及基础工具

蜡片：蜡片的选择应根据所需雕刻的造型及其立体程度来确定其厚度。

蜡线：细蜡线主要用于雕刻爪镶镶口的爪部，而且不同颜色的蜡线代表着不同的硬度；而粗蜡线则适用于雕刻条状造型的物品。

蜡管：空心蜡管一般用来雕刻戒指。

实心蜡条：实心蜡条可以用来雕刻一些瓶状、管状的物件。

软蜡片：软蜡片通常需要通过加热来进行塑形使用。

软蜡颗粒：软蜡颗粒常用于批量铸造过程中。它们被放置在挤蜡机内，经过加热后转化为蜡液，随后被挤入胶模中。一旦冷却，便可取出并进行修整，以进行后续的失蜡浇铸步骤。

蜡网：蜡网通常被用作戒指的封底材料，同时也可以根据需要应用于其他场合。

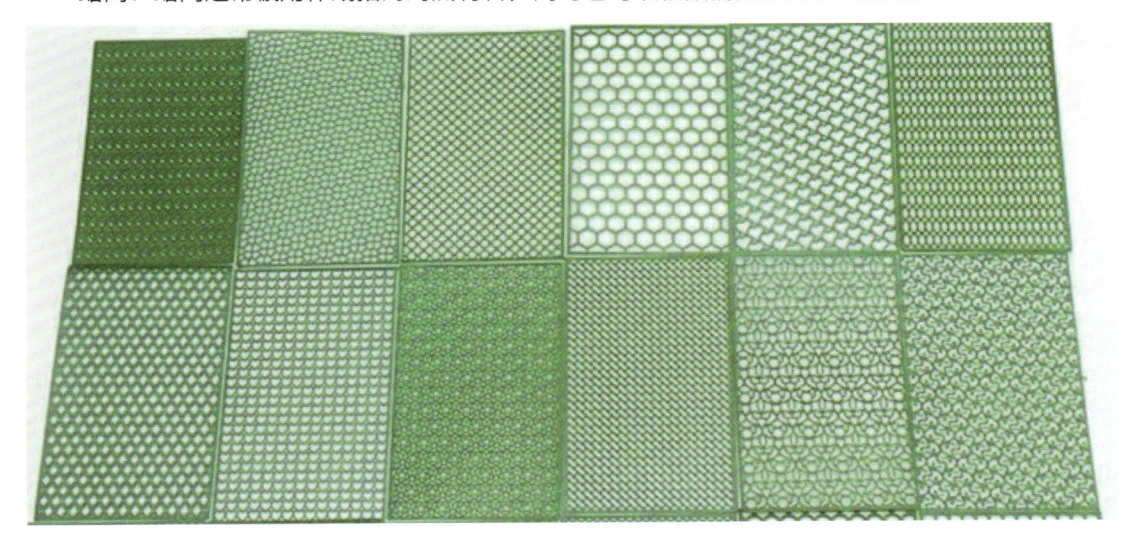

雕刻刀：包括市场上可购得的雕蜡刀和掏底刀，是雕刻造型时不可或缺的工具。

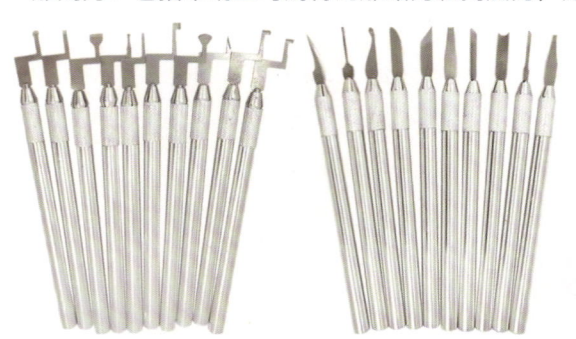

手术刀（下左图）：手术刀是熟练的雕蜡师傅最常使用的雕刻工具。

自制雕刻刀（下右图）：当雕刻至特定细节而缺乏合适的现成工具时，自制雕刻刀便成为不二之选。通过自行磨制，不仅能够让雕刻的细节更加生动，还能确保使用起来更加得心应手。

双头蜡锉：双头蜡锉是雕蜡过程中常用的打磨工具之一。其双头设计配备了不同粗细的锉齿，便于应对各种打磨需求。此外，其他金工细锉也可以用于修整细节。但在使用过程中，务必注意及时清理缝隙中积累的蜡粉。

锯蜡：金工和雕蜡所使用的锯弓是通用的，但需更换为螺旋形锯条方可正常使用。

钨钢针：钨钢针是安装在吊机上用于快速修整蜡形状的工具。此外，普通小尺寸的球针和牙针也可用于打磨蜡的细节。然而，需要注意的是，太细的齿在打磨过程中容易发热，从而导致蜡粘在齿上。

焊蜡机：焊蜡机是用于修补和堆砌蜡材的重要工具。通过调节温度，它可以将蜡熔化成蜡水，不仅能修补断裂的部分，还能堆砌出所需的造型。选择具备温度调节功能的焊蜡机会更加便捷。此外，推荐使用弯头焊蜡机，并在需要处理细节时缠上铜丝，以提高操作的精确性。

一般而言，弯头焊蜡机相较于直头焊蜡机在操作上更为便捷，而细头焊蜡机则比粗头焊蜡机更能精准地雕刻出所需的细节。

4.1.3 雕刻立体造型的技巧及注意事项

在雕刻立体造型时，应特别注意从平面到立体的层次转换，以及不同层次中细节之间的协调和图案比例的把握。

在雕刻戒指时，需要使用戒指蜡，并根据所需雕刻造型的宽度来精确锯切戒指料。锯切完成后，对于不平整的部分，应使用蜡锉进行细致的打磨，直至表面平整。

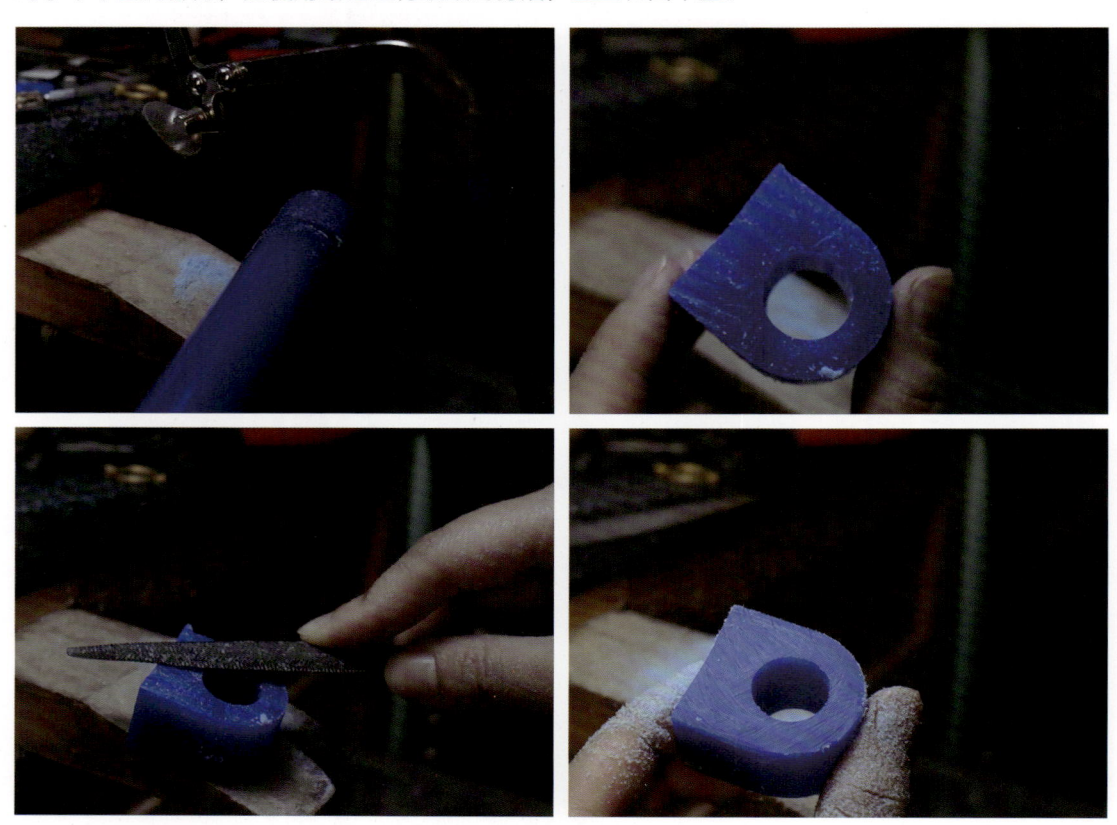

首先，应确定圈口大小。可以使用专门用于打磨戒指圈口的工具进行打磨，直至达到所需的圈口尺寸（注意，在打磨过程中需要交替方向并反复进行）。另外，也可以使用锉子来完成这一步骤。接着，确定外圈所需材料的厚度，对于不需要的部分，应进行锯切并打磨至平整。

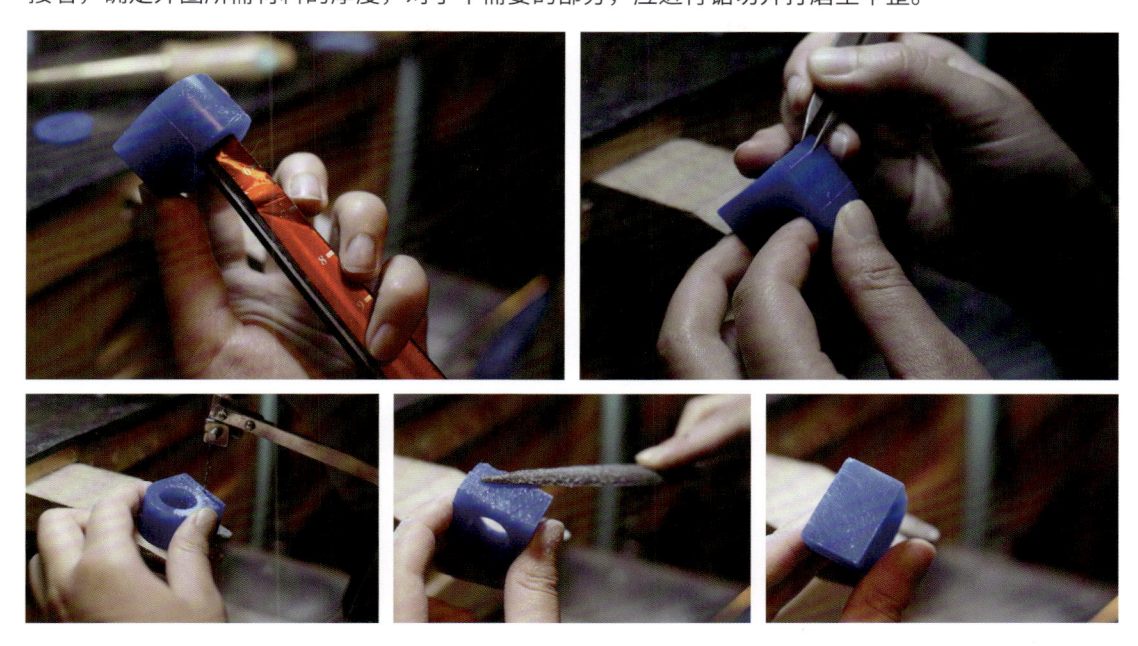

按照比例将手稿打印在纸张上，并将其贴在待雕刻的位置。接着，使用细针来确定图案的大致比例和细节的具体位置。这是一种较为传统的方法。然而，在配备激光打印机或雕刻机的情况下，可以将设备与手工操作相结合，从而提高雕刻的精度。

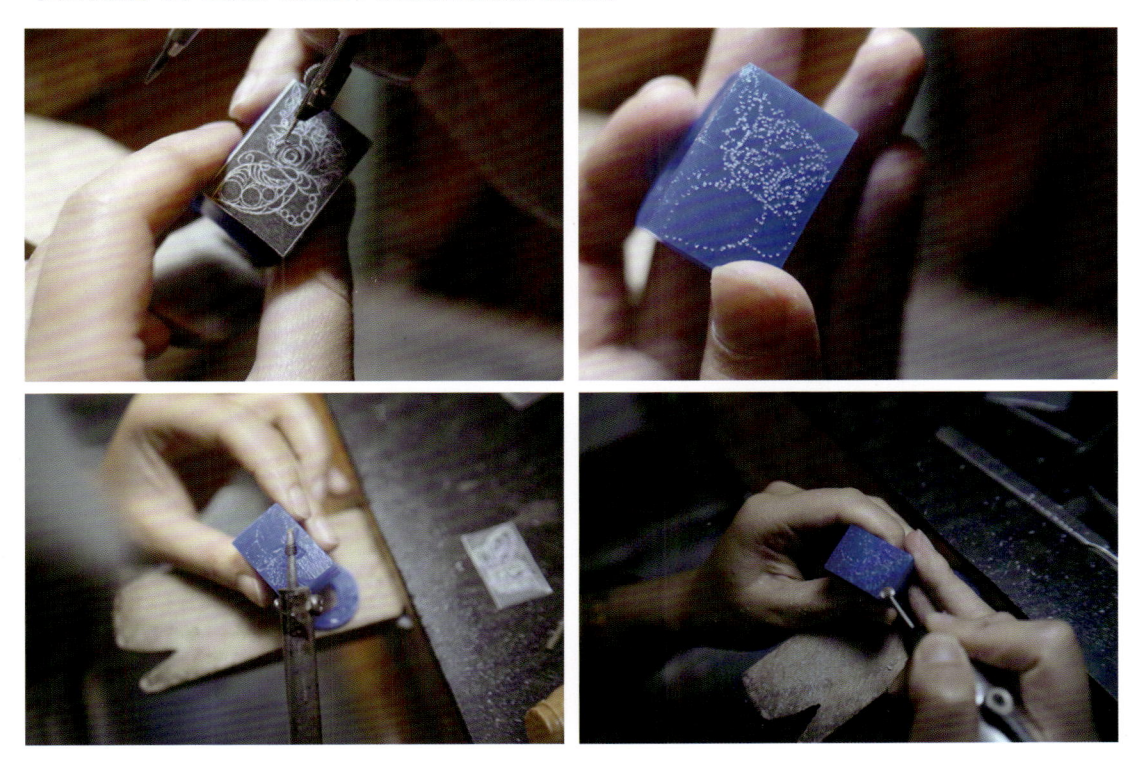

在确定好雕刻细节和比例后，应依据设计的层次高低进行雕刻。若需要补蜡，可以使用焊蜡机（电烙铁）熔化部分备用蜡，然后将其点至需要修补的部位，待其冷却后，可以选择继续补蜡或雕刻。若有大面积需要修整的地方，可利用大菠萝头钢针进行快速处理，之后再对细节进行精细雕刻。

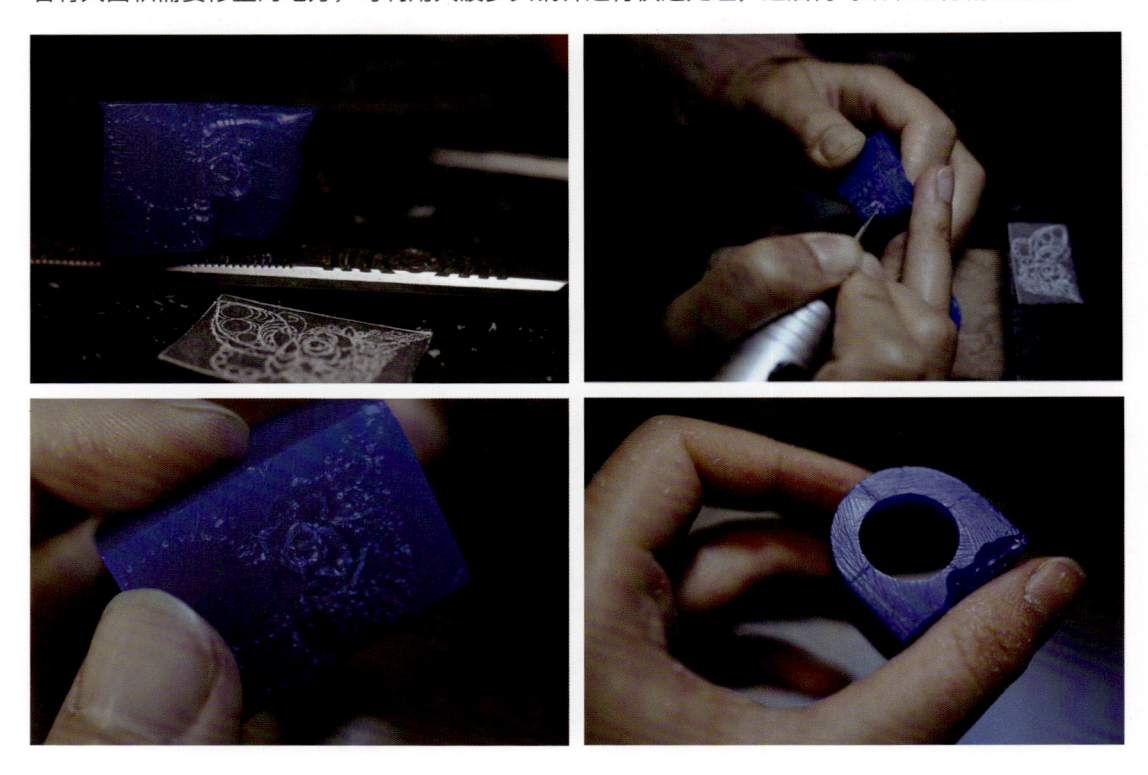

在雕刻戒臂之前，必须先确定戒指的中轴位置。一种有效的方法是在戒指上画一个十字，这样可以确保在雕刻过程中不会过度偏离中心，从而防止戒指变形。同样，在雕刻戒面上的图案时，也可以先画十字来确定中心，然后再进行雕刻。完成细节雕刻后，若想观察雕刻效果，可以使用400目的砂纸折角打磨缝隙，之后便可清晰地查看雕刻的成果。

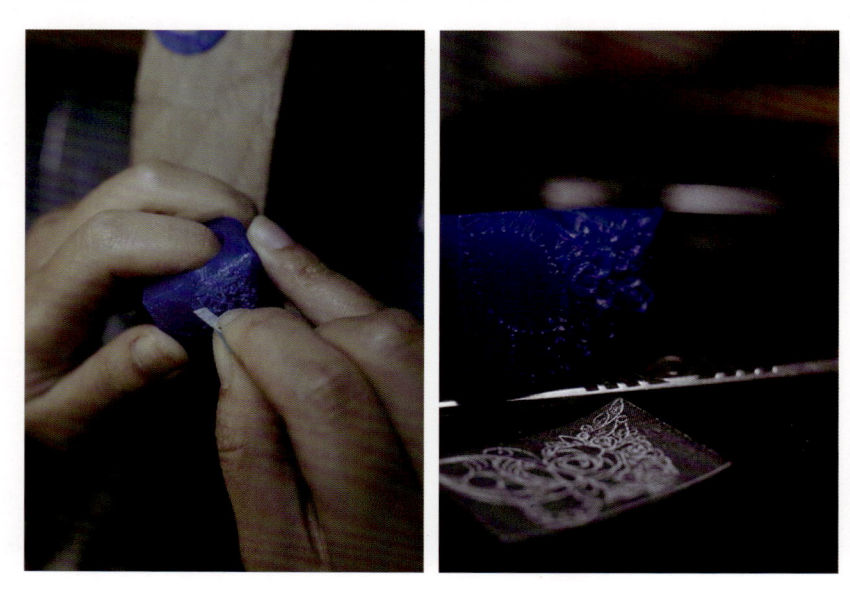

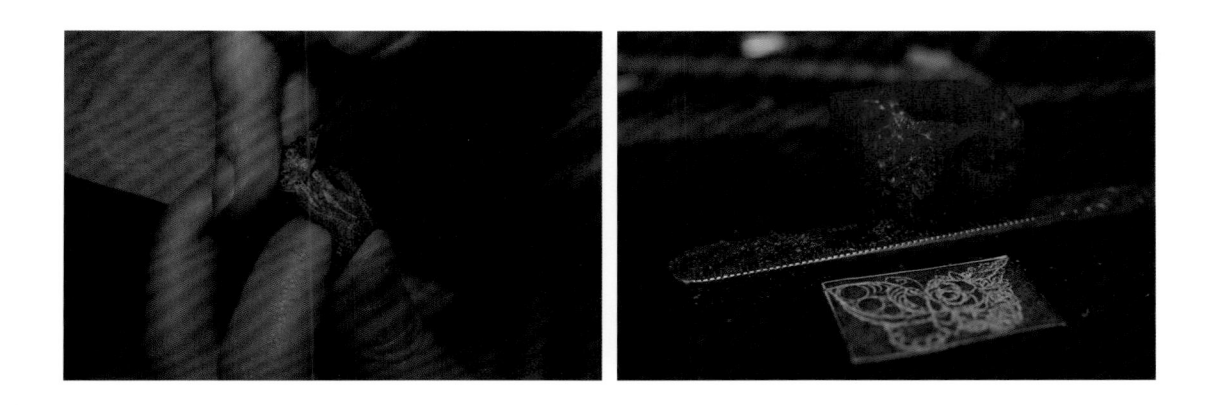

在雕刻戒臂的过程中，即便是处理随形或多线条的结构，也应参照在戒臂上所画的辅助线进行，以确保不会因过度偏离中心而导致重心不稳。

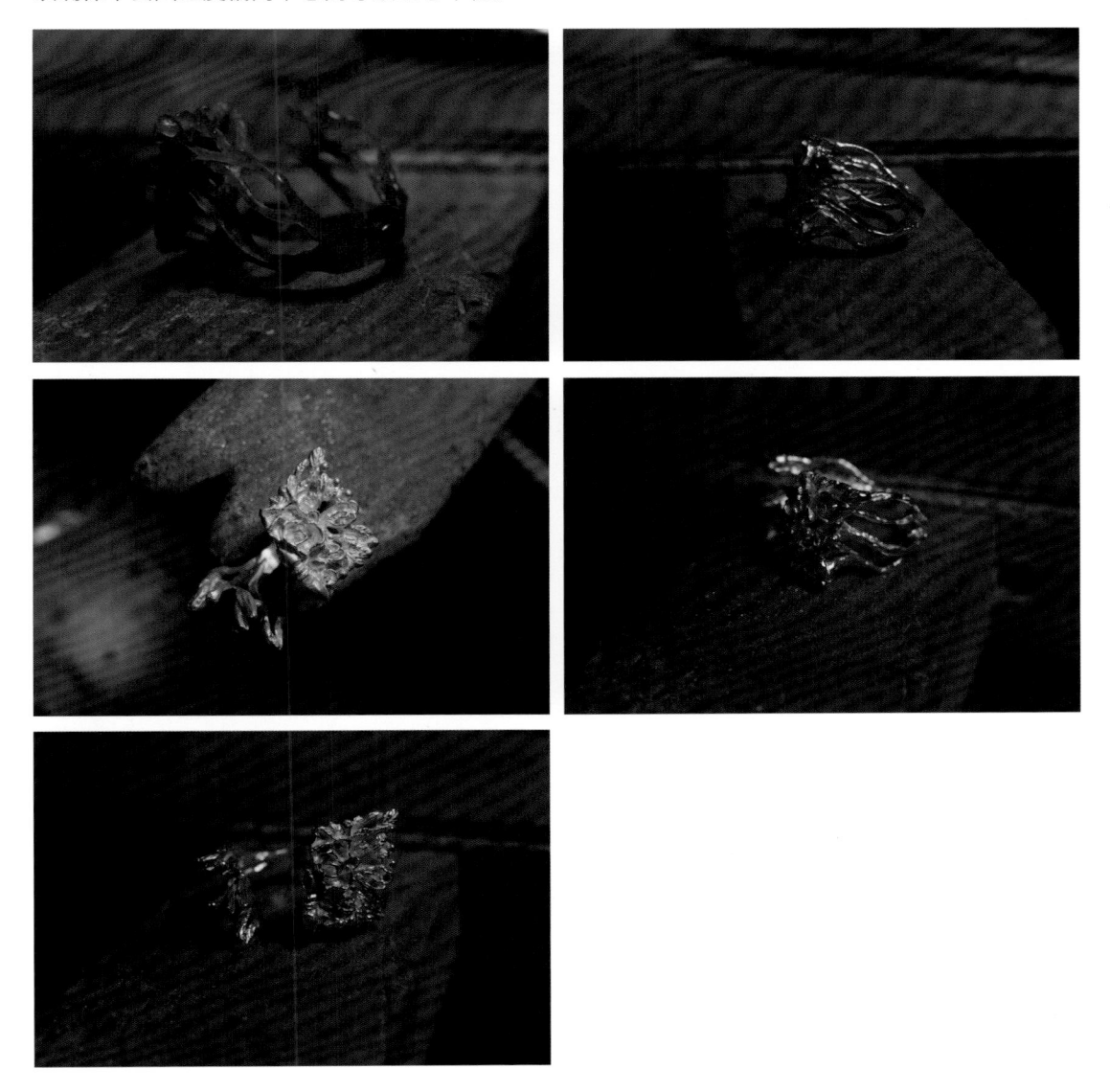

4.2 雕刻技法

4.2.1 雕刻镶口

在雕刻镶口时，我们可以根据所需宝石的大小来选取合适的蜡块。开料打磨出的部分相较于焊蜡机堆砌的部分，会更为牢固且精准，当然，这两者也可以结合使用以达到最佳效果。当需要将两部分蜡结合在一起时，务必确保焊蜡机能够完全烫透这两个部分，以避免它们在原处再次断开。

为了爪镶的爪部制作，建议准备一些不同型号的蜡线。如果遇到特殊形状的爪部，可以在雕刻镶口的同时一并完成。通常，包镶镶口也是通过整块蜡料打磨出与主石相匹配的大小和形状。若在镶口处出现夹层，应使用小尺寸的牙针和细锉进行精细打磨。

镶口的厚度需要保持均匀且适中，过厚会增加金属的重量，而过薄则容易损坏且不够坚固。一般来说，镶口的厚度不应薄于 0.4mm。

在进行浇铸时，需要注意不同金属的缩水问题。例如，银制品的缩水通常会比 18K 金更为严重。失蜡浇铸过程中的缩水问题可能会影响镶口与主石的吻合度以及佩戴舒适度，因此必须加以注意。

4.2.2 雕刻基础爪镶

以圆形爪镶的镶口为例,首先需要准确测量裸石的直径与厚度。随后,在厚度适宜的蜡块上,按照裸石尺寸及镶口所需预留的厚度进行精确绘制。

通常情况下,刻面宝石的镶口设计为贴合亭部的收缩形状。在确定好镶口形状之后,需要掏空镶口内部多余的蜡料。

完成镶口底托的制作后,可以利用焊蜡机确定 4 个需要制作爪的点位。具体操作为:将适量蜡料熔化并放置于焊蜡机顶端,并精准点在爪的位置上,通过重复此步骤来拖出 4 个爪部。另外,也可以选择直接使用粗细适中的蜡线,通过焊接方式固定在镶口上,以形成爪部结构。

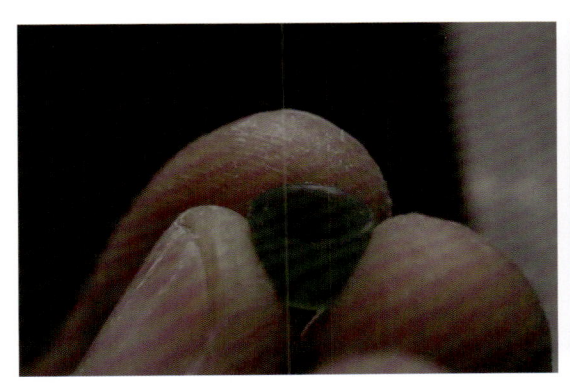

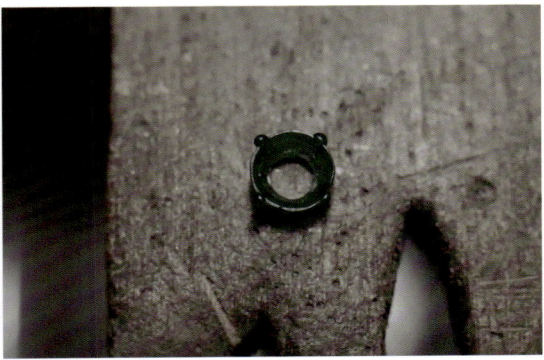

为了确保蜡线与镶口的紧密贴合与稳固性，可以在所需的位置开设槽口，以便将蜡线接入镶口。

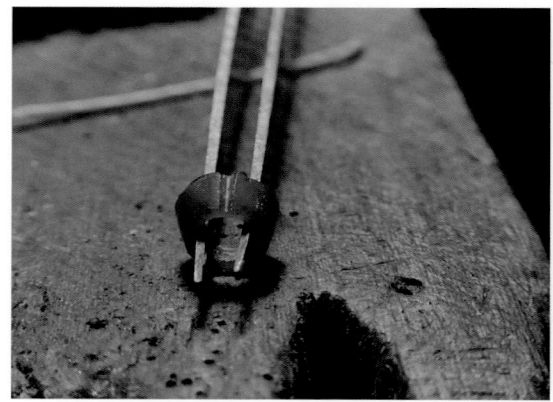

注意：在焊接任何两个蜡制配件时，务必先在焊蜡机的顶端尖头处熔化一点儿蜡液。这样，当将两个配件融合在一起时，可以确保有足够的蜡液来补充因烫化而可能导致的配件缺损。若遇到非常细小的配件，建议使用缠在电烙铁上的细铜丝来进行焊接，以提高操作的精度。

使用软蜡蜡线连接镶口的爪部时，可以将主石放入其中，以检查尺寸是否合适。但需要注意，若蜡质较脆，此操作可能会导致爪部断裂。因此，在操作过程中应谨慎小心。

夹层的部分需要借助细小的牙针进行精细雕刻，随后使用细锉进行打磨，以确保镶口的光滑与精准。

圆形刻面宝石镶口背面展示

4.2.3 雕刻包镶配件

以随形松石为例，在选取蜡块时，应选择一块与裸石大小相近且厚度足够的蜡块。

根据裸石的独特形状，精确地描绘出其边缘部分的轮廓。

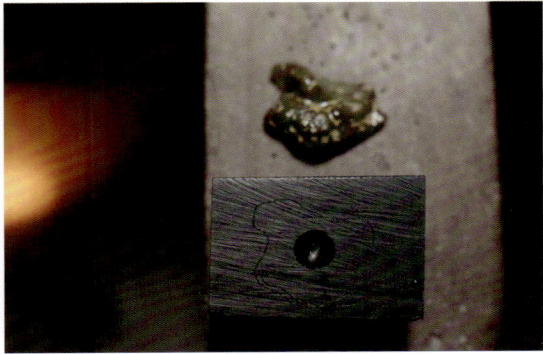

使用与裸石形状相贴合的钨钢针，精细地掏出一个凹槽，确保裸石能够完全嵌入其中并与边缘紧密贴合。同时，根据所选金属材质的特性，对镶口的缩水区域进行相应调整。

在确定好镶口部分后，即可对周围多余的部分进行锯切和打磨，以塑造出所需的精致形状。

根据设计和实用需求，确定镶口底部是否需要镂空。若需要，应选用形状适宜的钨钢针进行精细打磨。在此过程中，球针（菠萝头状）是较为常用的工具。同时，可以使用锉刀或其他针头对边缘进行修整，以确保镶口整体的精致与协调。

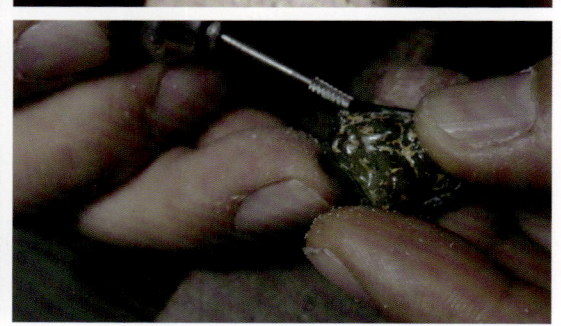

可以进一步利用焊蜡机来增加厚度或调整形状，同时配合打磨工具进行反复的造型调整，以达到理想的效果。

根据随形宝石的独特形状，我们将镶口边缘精心调整为起伏有致的设计。这样的处理不仅使包镶完成后的边缘金属呈现迷人的装饰效果，同时也兼顾了实用性，确保了宝石的稳固镶嵌。

　　可以根据个人喜好和需求，设计出风格迥异、造型多样的配石吊坠，并辅以太阳纹样的扣头设计，这一设计灵感来源于"落日归山海，山海藏深意。"的诗意，将太阳的温暖与山海的壮阔相融合，展现出独特的美学韵味。

4.2.4 雕刻爪镶嵌配件

以一个具有类似包边结构的爪镶素面翡翠配件为例，我们首先需要准确测量裸石的尺寸，并据此切割出一块大小适宜且厚度足够的蜡块，以备镶嵌之用。接着，利用锉刀和合适的针头，精心打磨出一个能够完美容纳翡翠蛋面的凹槽。在此基础上，再进一步确定镶口的其他细节，如爪部的位置和形状等。最后，在爪部预定位置开设 4 个小孔，将蜡线穿入其中并烫牢，从而制作出稳固而美观的爪部结构。

在将蜡模倒制成 18K 金成品后，若厚度允许，可以巧妙结合微镶工艺进行精致点缀，以提升整体的美感与独特性。

4.2.5 雕刻共爪镶配件

共爪镶的雕刻方法与普通镶口并无二致，其独特之处在于爪部需要精心"种植"在能同时稳固两颗裸石的位置。在并排共爪的设计中，需要特别注意裸石之间的间距，以确保整体的美观与稳固。

在共爪镶工艺中，可能会遭遇缩水预估不准确或在雕蜡环节对裸石腰棱位置把控不精准的问题，这些问题均有可能引发叠石现象。为避免此类情况，共爪镶的起版阶段必须精心预留足够的空间给共用的爪部，以确保裸石能够既整齐又美观地完成镶嵌，同时不失镶嵌的精准度。

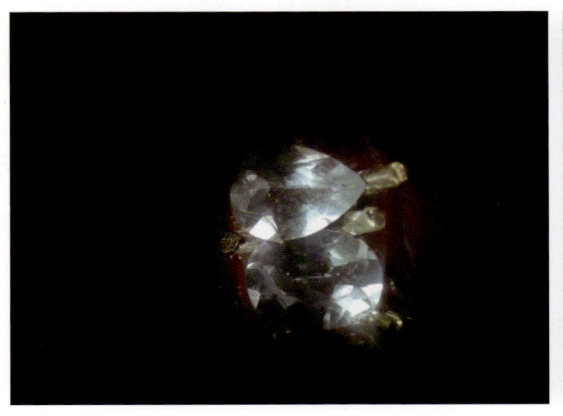

叠石现象　　　　　　　　　　　　　　　　　　正确效果

延展

通过综合运用立体雕刻技艺、爪镶设计以及共爪镶设计的制作，成功打造出一个精美绝伦的设计作品。其不仅展现了高超的工艺水平，更将独特的设计理念与实用性完美结合，呈现出令人赞叹的艺术效果。

立体雕刻部分:

本例是一款精致的荷花耳坠。这款耳坠由两层细腻雕刻的花瓣叠加而成,中间巧妙地点缀一个花蕊,整体造型立体且富有层次感。为了完美呈现这一设计,我们需要分别进行雕刻、倒模和执模等精细工艺。在完成这些步骤后,我们将通过一个金属轴将各部分统一固定并焊接,同时预留一段轴长以便制作耳针,确保佩戴的便捷与舒适。

在爪镶部分,我们采用了类似包边的设计,既稳固地固定了主石,又增添了独特的装饰效果。这种设计使爪镶部分与上下接环完美融合,共同构成了坠子的重要组成部分。此外,我们还在周围巧妙地搭配了微镶工艺,进一步提升了整体的精致度和艺术感。

共爪镶部分同样精彩,它也是坠子不可或缺的一部分。通过精湛的共爪镶技术,成功地将多颗裸石稳固地镶嵌在一起,共同营造出荷花耳坠的华丽与浪漫。

最终,这些精心设计和制作的部件共同组成了一款别致的荷花耳坠,既展现了传统工艺的精湛技艺,又融入了现代设计的创新理念,是一款集美观与实用于一身的佳作。

107

《荷》（材质：18K金、翡翠、海蓝宝、珍珠、钻石，作者自有工作室设计制作）

4.2.6 浇铸半成品

在浇铸半成品的过程中,我们需要配合使用石膏烘焙机和铸造机。具体步骤是,首先将蜡模转化为石膏模,接着熔化金属并进行浇铸,待冷却后即可得到金属浇铸半成品件。这些半成品件相较于通过 CAD 起版喷蜡再倒模得到的半成品件,表面更为光滑,因此在执模过程中更为便捷。特别是对于那些在雕蜡阶段已经进行过抛光的件,只需打磨掉水口并放入磁抛机内打磨,便能初步展现出精美的效果。

对于一部分雕蜡件,其执模过程与喷蜡件相似,需要使用细锉和不同型号的砂纸进行精细打磨,以确保每个细节都符合抛光标准,从而呈现完美的工艺效果。

4.2.7 雕蜡起版与金工起版的结合

以雕刻立体造型半成品件为基础，结合金工起版设计，我们可以打造出独特且精致的艺术品。通过精湛的雕刻技艺塑造出立体的半成品件，再运用金工起版技术进行设计上的完善与创新，最终呈现出令人赞叹的佳作。

与金工起版的流程相似，首先需要将所需的片材压制成预定的厚度，以确保后续制作的顺利进行。

根据设计需求，精确截取所需的图案，并进行细致的锯切与打磨，以确保最终成品符合预期的精致度与准确度。

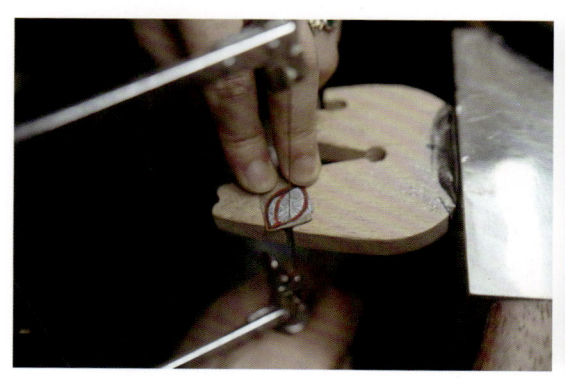

若设计需求中包含分层结构，可以分别制作每一层的金属片，并在完成后进行精确的焊接，以确保整体结构的稳固与美观。

在将各个金属片精心组装完毕后，将其与戒指的其他部分进行焊接，确保结构的整体性。同时，根据设计需求，在必要的位置开设槽口，以满足特定的功能或装饰效果。

在焊接过程中，可以使用前文中介绍过的焊料。本例选择使用低温焊条来完成焊接工作，并在焊接完成后进行做旧处理，以赋予作品独特的复古韵味。

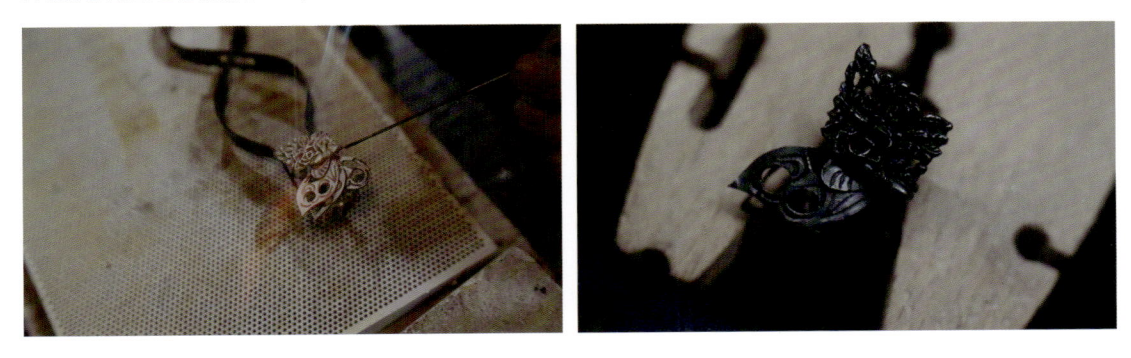

经过精心的做旧处理，再配合砂纸的细致打磨，成功打造出一个结合了手工雕蜡与金工起版技艺的精美作品。

对于这种风格的银饰，也可以选择只进行打磨而不抛光，这样随着佩戴时间的推移，其表面效果会自然呈现独特且多变的风貌。

CHAPTER 5
计算机起版首饰制作技法

5.1 计算机起版的原理及流程

计算机起版，是一种利用先进三维绘图软件，在数字环境中精心打造珠宝首饰虚拟模型的技术。这类软件内置了丰富的宝石琢型库及精确尺寸参数，同时具备强大的计算能力，能根据不同设计造型精准估算各类贵金属的用量，从而确保设计的精准度与成本控制。随后，结合 3D 打印技术与失蜡浇铸工艺，能够高效制作出高精度的珠宝首饰半成品。

此技术的显著优势在于大幅缩短了制作周期，提升了制作的精细度，使得即便是最细微的设计细节也能得到完美呈现。然而，其应用也面临一定挑战，主要体现在对操作者的高要求上：操作者需要对起版软件有深入了解并能够熟练操作，对于追求极致的首饰设计，可能还需要熟练掌握并灵活运用多款软件。因此，深厚的操作经验与建模技巧成为掌握计算机起版技术的关键门槛。

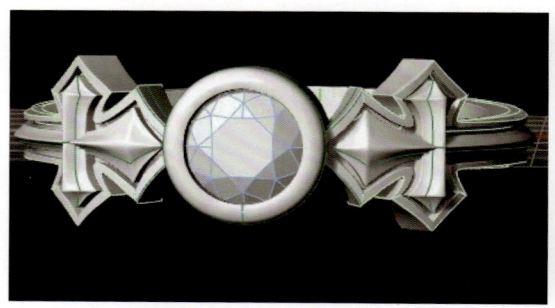

下图及下页图所呈现的是通过光固化 3D 打印技术精心制作而成的珠宝首饰半成品。该技术利用光束精准固化液态树脂材料，层层堆叠，最终成型，不仅展现了极高的制造精度，也完美呈现了设计细节，为后续的加工与完善奠定了坚实的基础。图中半成品已初具雏形，静待进一步的精细打磨与装饰，以期成为璀璨夺目的珠宝佳作。

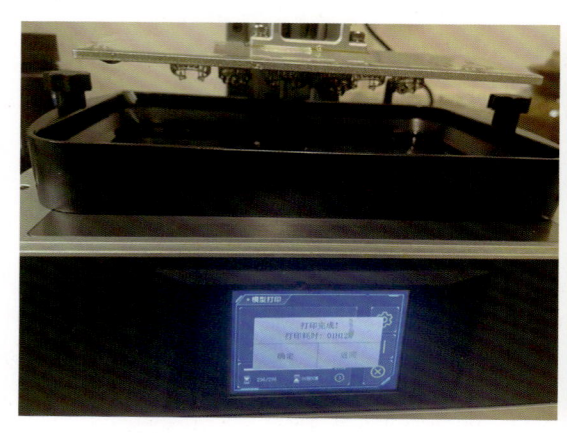

115

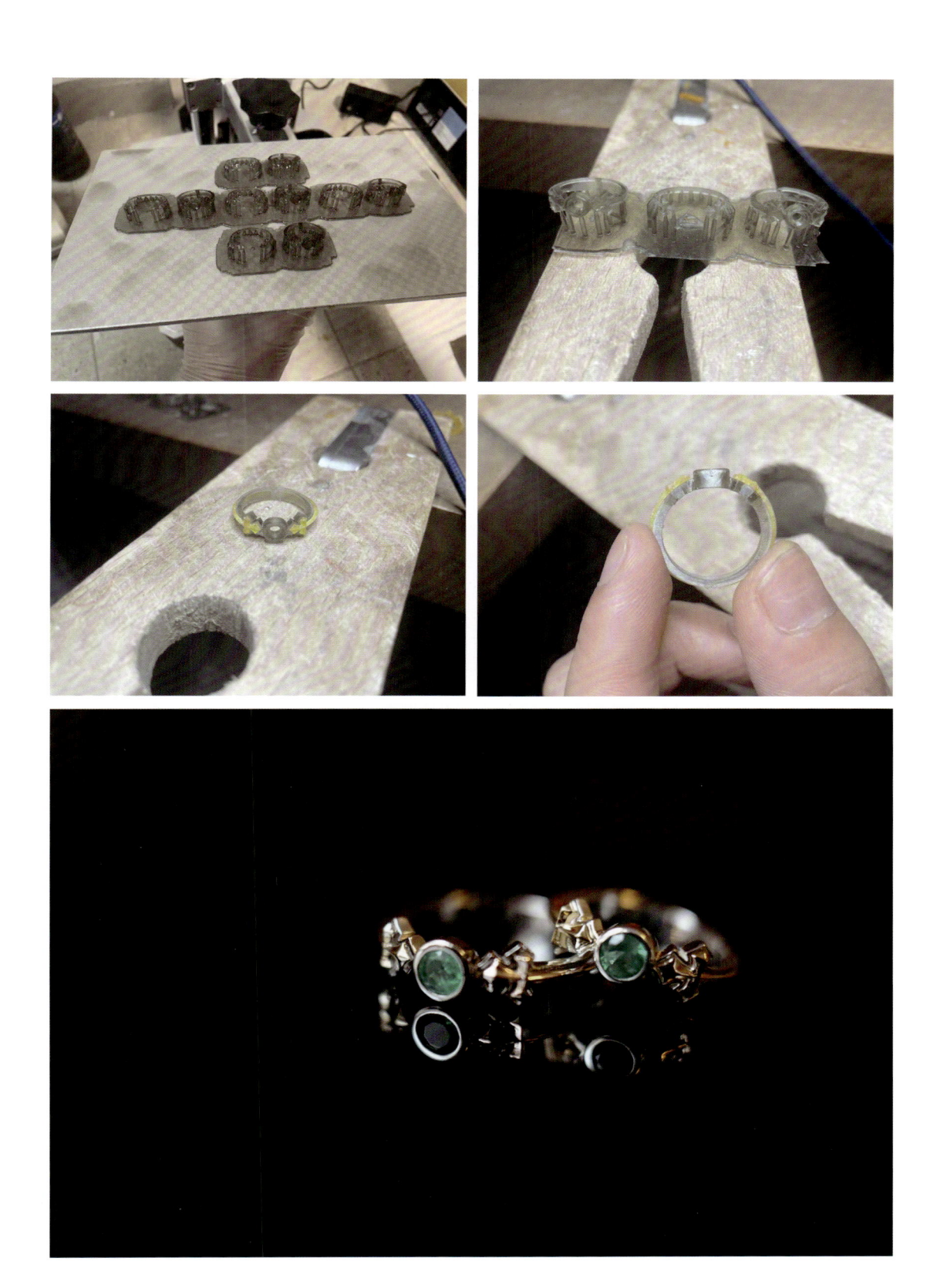

5.2 CAD 建模起版的发展及运用

CAD（计算机辅助设计）作为一项革新性技术，广泛应用于各行各业，扮演着创建、优化及分析设计方案的核心角色。其发展历程经历了从二维平面到三维立体的飞跃，而 3D 打印技术的横空出世，更是为 CAD 建模与原型制作带来了革命性的转变，极大地拓宽了设计与制造的边界。

早年间，电子电路 CAD 与建筑 CAD 率先崭露头角，引领了行业变革的先河。随后，机械 CAD、服装 CAD 等各类专业软件如雨后春笋般涌现，几乎每个领域都找到了属于自己的 CAD 解决方案，首饰行业亦不例外。在珠宝界，这一特定的计算机辅助设计技术被赋予了专属名称——Jewellery Computer Design，简称 JCAD。JCAD 不仅继承了 CAD 技术的所有优势，更针对珠宝首饰设计的独特性进行了深度优化，助力设计师以前所未有的精度与创意，将灵感转化为璀璨的现实。

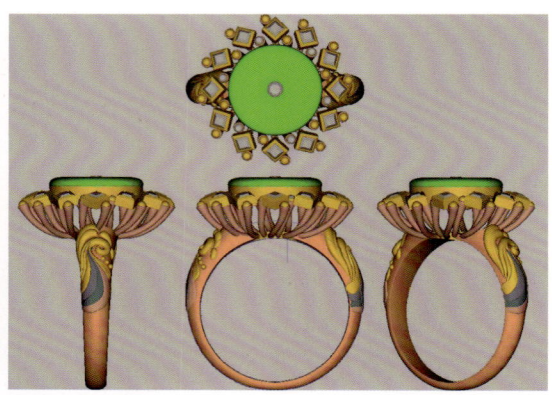

《花火》（作者自有工作室设计制作作品，JCAD 起版，材质：18k 金、翡翠、蓝宝石、珍珠）

JCAD 在应对常见且偏向商业化风格的首饰起版方面展现出了卓越的优势，特别是在制作如爪镶、包镶等标准镶嵌工艺时，其便捷性尤为突出。然而，对于那些设计复杂、造型独特的首饰而言，JCAD 的操作过程可能会显得相对烦琐且耗时，需要设计师投入更多的精力与时间来进行精细的调整与优化，以确保最终作品的完美呈现。

5.3 3D 建模软件的运用

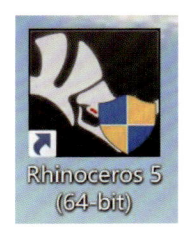

Rhino 是一款由美国 Robert McNeel 公司精心研发的专业级 3D 建模软件，相较于 JCAD，其在修改与调整方面展现出更高的便捷性，尤其擅长处理复杂造型的构建任务。

Matrix 作为 Rhino 的一款专为珠宝设计优化的插件，极大地提升了珠宝制作的效率与便捷性。它使排石布局和镶口生成等操作相较于未安装插件的基础软件而言，更加直观且易于操控。

除了 JCAD，另一款广受欢迎的建模软件便是 Rhino（犀牛）。而在众多针对珠宝设计的插件中，Rhino Gold 与 Matrix 同样出色，它专为珠宝设计制作量身打造，不仅提供了丰富的戒圈、镶口及各类宝石素材，还集成了全球金银材料的实时价格信息。

然而，值得注意的是，由于插件与主体软件之间的兼容性问题，使用过程中可能会遇到一些问题，尤其是在进行复杂运算时，软件有崩溃的风险。因此，在处理重要文件时，务必养成频繁保存的好习惯，以避免因文件丢失而带来麻烦。

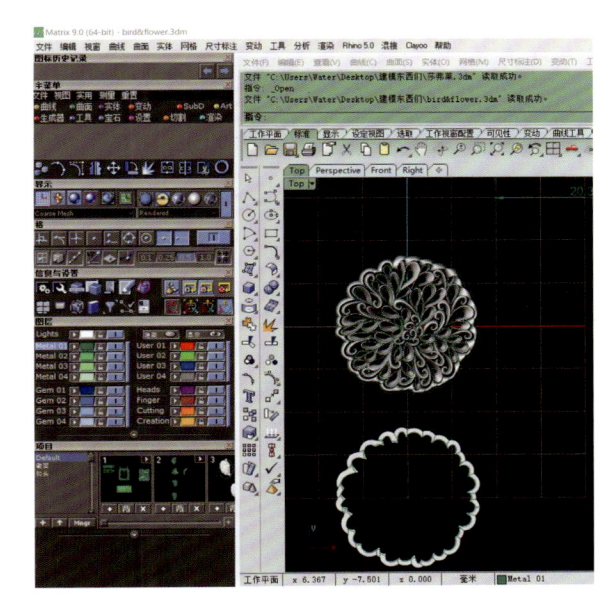

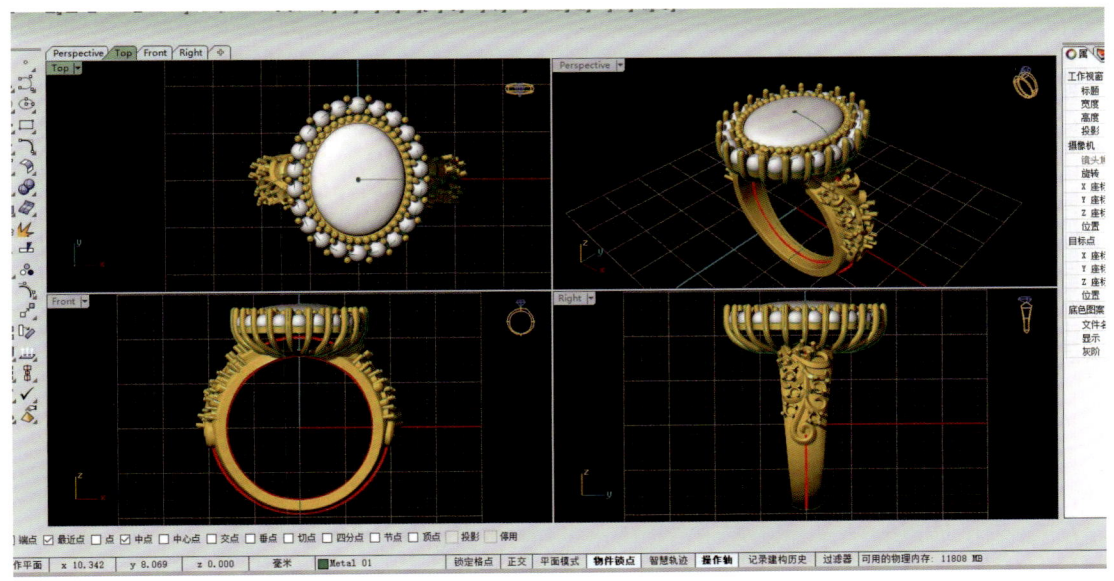

117

《落日星河》（作者自有工作室设计制作作品，Rhino起版，材质：18k金、欧珀（澳）、珍珠）

随着时代的进步，3D 建模软件领域迎来了日新月异的更新迭代，这些软件以其卓越的性能，擅长构建立体感强烈、形态复杂的人物、动物等模型，所展现的纹理细腻入微，线条流畅自然。

随着软件技术的不断精进与应用边界的持续拓宽，众多同类软件现已能够无缝集成专为珠宝行业定制的插件。这不仅极大地便利了珠宝设计师在制作镶口、精准放置宝石等方面的操作，更为珠宝设计与制造领域带来了前所未有的便捷与高效。

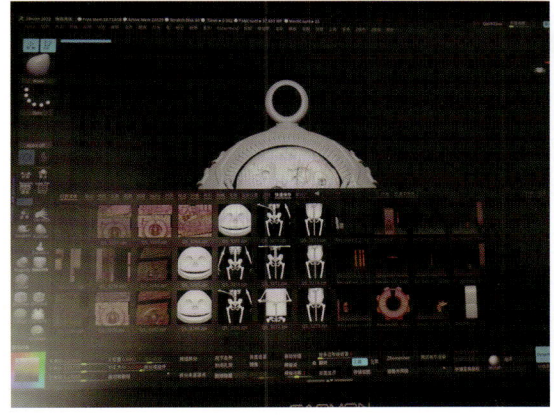

ZBrush 往往与数位板或可触控屏幕配合使用，这一组合有助于提升珠宝设计与制作的精度与效率

另一款引人注目的软件是 Freeform，其独特之处在于采用了一支悬浮笔作为操作工具。在虚拟建模的世界里，这支笔能够神奇地"触碰"到模型边缘，产生真实的阻力和振动反馈，让设计师仿佛亲手握笔，在实体的触感中自由调整和优化模型形状，极大地提升了设计的直观性和精确性。

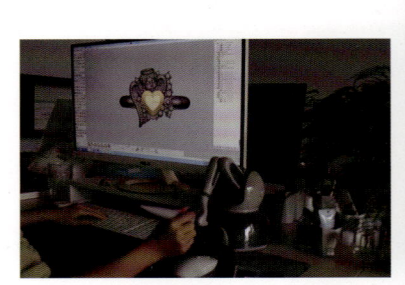

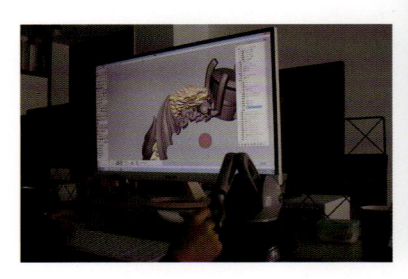

5.4 移动设备对首饰建模的影响

移动设备，尤其是像 iPad 这样的便携式平板电脑，如今也拥有了丰富的建模软件，其中 Nomad 便是佼佼者。借助 Nomad，用户即便仅携带移动设备，也能随时随地完成建模工作，彻底打破了传统建模对设备和地点的束缚。配合使用触控笔，即便是新手也能迅速上手，轻松驾驭建模过程。其操作逻辑与计算机端的建模软件有着诸多相通之处。

简而言之，Nomad 等移动便携设备上的建模软件可视为计算机端建模软件的精简版。它们以易用性著称，对设计爱好者极为友好。然而，尽管上手门槛低，但在产出效率与细节把控方面，这些软件仍留有进一步提升的空间，以满足更高层次的设计需求。

移动设备对首饰3D建模的影响无疑是深远的。随着未来3D建模技术的日益普及，能够运用这一技术的设备和人群将愈发广泛，从而吸引更多人投身于首饰乃至更广泛领域的3D建模创作之中。这一趋势将促使无数新颖的想法和设计以具象化的形式展现在世人面前，开启一个创意无限、视觉盛宴的新时代。

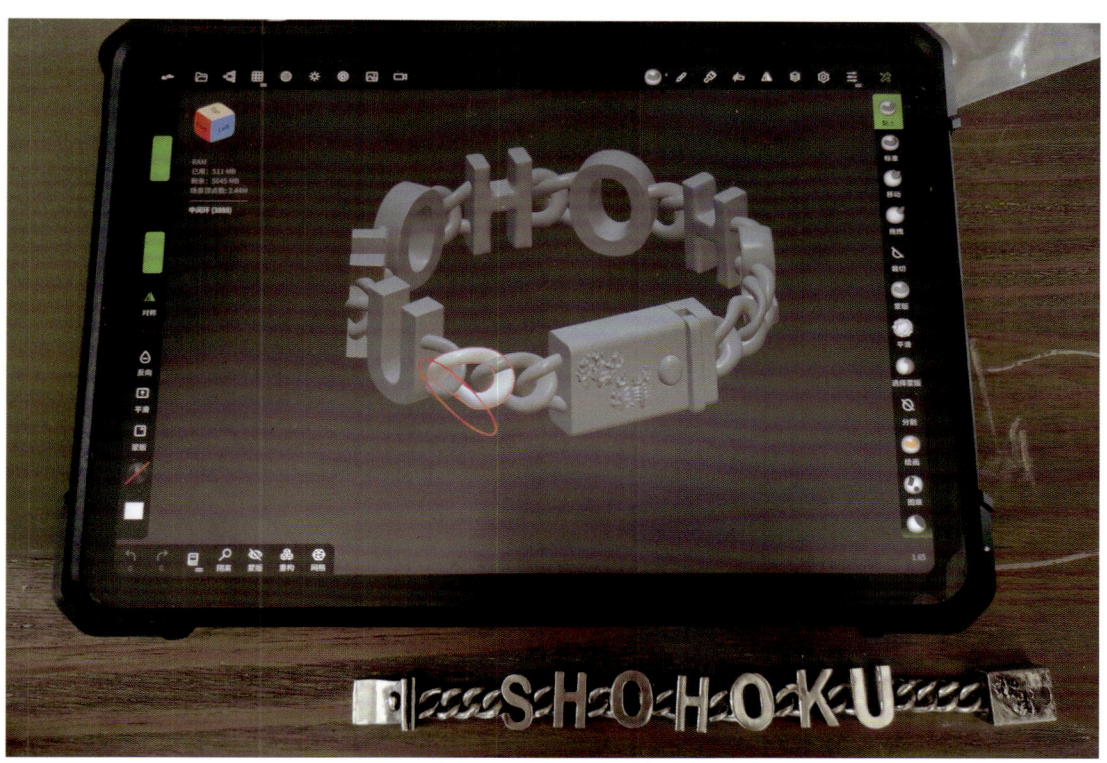

用 Nomad 起版设计的手链（由李业燊先生设计制作）

5.5 3D 打印技术的运用

当前，3D 打印技术在珠宝首饰行业的广泛应用虽带来了诸多便利，但即便是高精度 3D 打印机，也难以避免在打印过程中留下层叠痕迹。这些痕迹在后续的金属倒模环节中，为执模工作增添了不小的难度。毕竟，精致的首饰要求每一个细节都光滑无瑕，即便是进行了磨砂表面处理，也需要在执模完成后的金属件上重新加工以实现预期效果。

此外，铸造过程中可能出现的砂眼、镶口因缩水导致尺寸偏差，以及细小配件和图案在从打印到倒模过程中的完整度保持等细节问题，都使计算机起版后的执模工作不再仅局限于简单的打磨，而是成为确保金属半成品能够顺利进入下一个制作环节，且质量无瑕的重要工序。

执模过程中，必须确保每个缝隙都平整光亮，建模时的弧度与棱角在打磨过程中不能受损变形。执模的真正目的，在于更好地还原建模时的造型，而非破坏它，这一点至关重要。

CHAPTER 6
首饰特殊工艺与制作

6.1 镶嵌工艺的进阶技法

6.1.1 素面宝石的琢型

素面宝石,指的是经由精心打磨后展现出柔和弧度的宝石,也常被雅致地称为"蛋面"或"光面宝石"。此类宝石以其独特的表面处理方式,能够淋漓尽致地展现某些特殊的光学现象,诸如璀璨的星光效应与灵动的猫眼效应,在这平滑的表面上更显魅力。

尤其对于那些不适宜采用刻面切割的宝石而言——以多晶质集合体的翡翠为典型代表,素面琢型非但未减其华,反而巧妙地烘托出其独有的温润质感与内敛风华,成就了一种别具一格的美学表达。

6.1.2 刻面宝石的琢型

刻面宝石,经由精细雕琢后,表面绽放出无数精巧的几何刻面,这一工艺尤其适用于单晶体的宝石,能够充分彰显高净度与优异折射率宝石的绚烂火彩,使其光芒四射,璀璨夺目。尤其值得一提的是,对于能够实现全内反射的钻石而言,采用圆明亮型切工这一精湛琢型,能够确保光线无一遗漏地被完美捕捉,令钻石绽放出更加耀眼夺目的光彩。

而不同的琢型,在珠宝工艺领域中,不仅决定了镶口的形态与镶嵌技艺的选择,更在深层次上塑造了珠宝的整体风格与韵味,为每一件珠宝作品赋予了独一无二的个性与魅力。

6.1.3 包镶进阶及延展

　　以刻面宝石的包镶工艺为例，我们首先需要将裸石精准地置入镶口之中，细致观察其腰棱的精确位置。随后，小心翼翼地将裸石取出，于对应位置利用特制的厚飞碟针，以精湛的手法均匀地开出一整圈槽位。此槽位的厚度需要与裸石的腰棱尺寸严丝合缝地匹配，确保镶嵌的稳固与美观。

　　当裸石与镶口完美契合之时，我们使用小巧的锤子与精细的錾子，以细腻而均匀的力量，缓缓推动金属边缘，使其紧密地包裹住裸石的腰棱部分。此过程需要力道恰到好处，确保裸石在镶口内稳固不动，宛如浑然一体。同样，运用气动铲刀也要遵循这一原理，以精准的操作完成镶嵌，使珠宝作品更加牢固且美观。

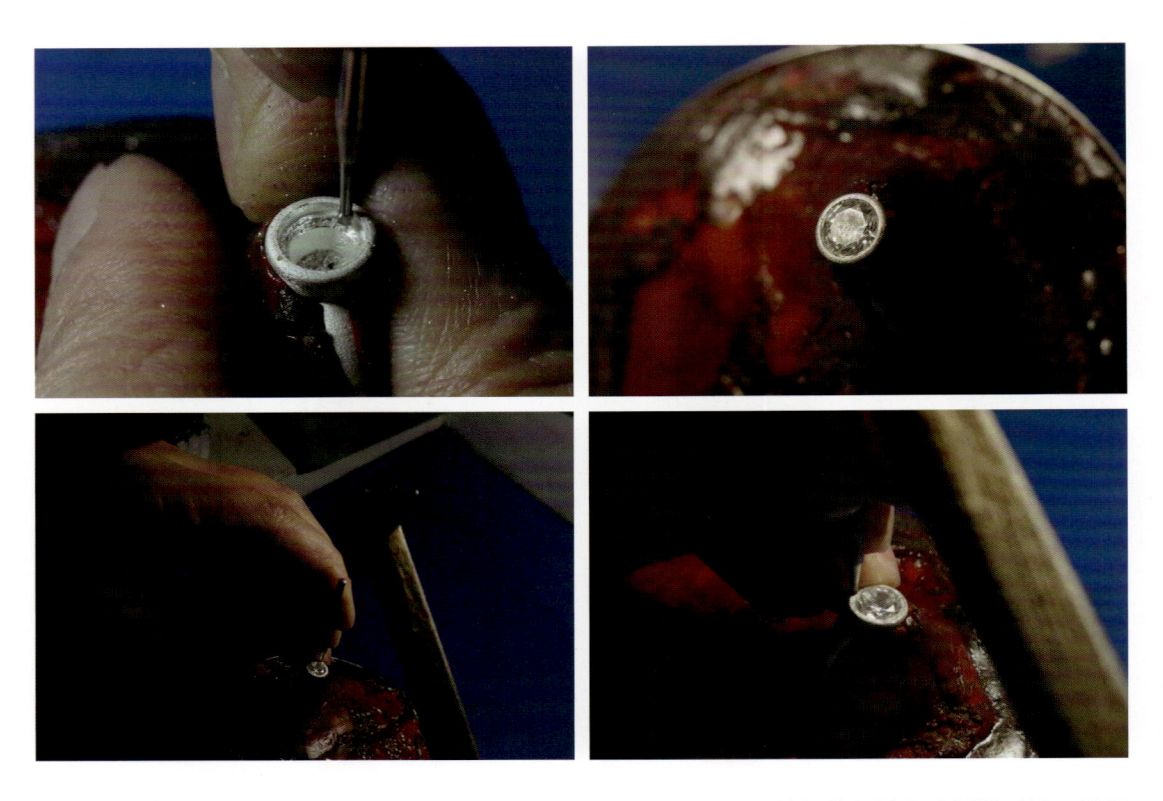

使用镊子仔细检验镶嵌的稳固性，确保一切妥善无误后，再以精细的细锉和砂纸棒对镶口进行细致的打磨处理。最后，对镶口进行精心抛光，使其焕发出耀眼的光泽，至此，整个镶嵌制作过程圆满完成。

6.1.4 爪镶进阶及延展

先前我们已领略了爪镶刻面宝石的精湛技艺，此刻，让我们将焦点转向爪镶素面宝石的独到方法。首先，需要巧妙地在镶口周围堆砌火漆，并待其冷却凝固后，将镶口稳稳固定其上。随后，依据素面宝石的独特形态，精心车制出与之完美契合的镶口，为接下来的镶嵌工序奠定坚实基础。

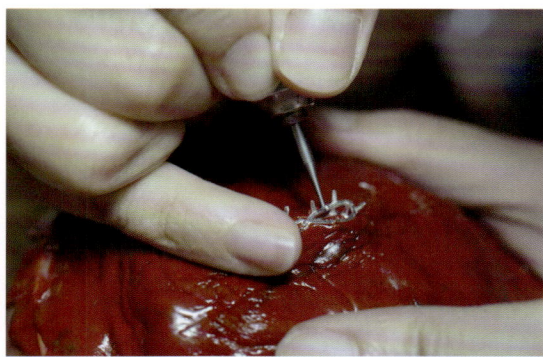

利用球针（或牙针），将镶爪细心地雕琢得略微内凹，这样的设计能更好地贴合素面宝石的轮廓。同时，底座部分也需要被精心车削，使其内部呈现一定的弧度，因为大多数素面宝石的底部同样带有优雅的弧度，这样的处理能确保宝石与镶座之间实现无缝对接，更加稳固且美观。

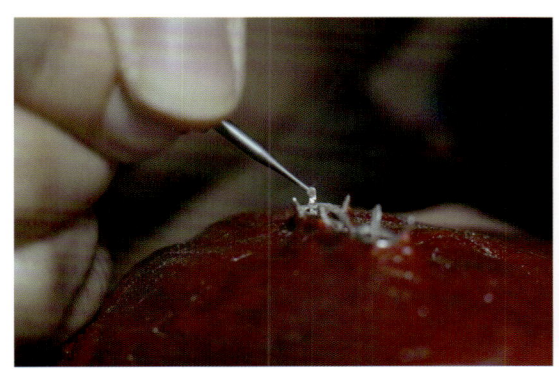

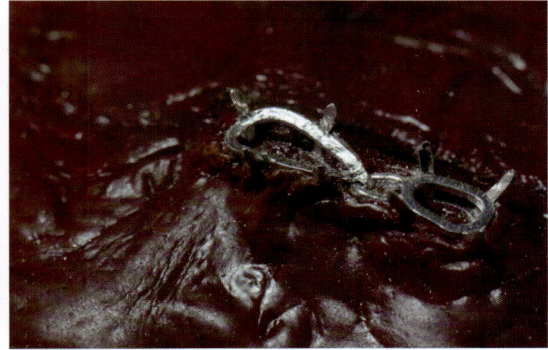

在精确调整宝石位置后，使用钳子以对角方式反复调整固定，确保宝石稳固地镶嵌于镶座之中。随后，利用斜口剪钳小心翼翼地修剪掉超出部分的镶爪，操作时需要特别注意剪钳的角度，以确保修剪的精准度。若需要将镶爪修尖，则应保持剪钳大约 45° 的角度进行剪断，同时，务必用手指轻轻按住镶爪，以防其意外弹出，确保整个修剪过程既安全又高效。

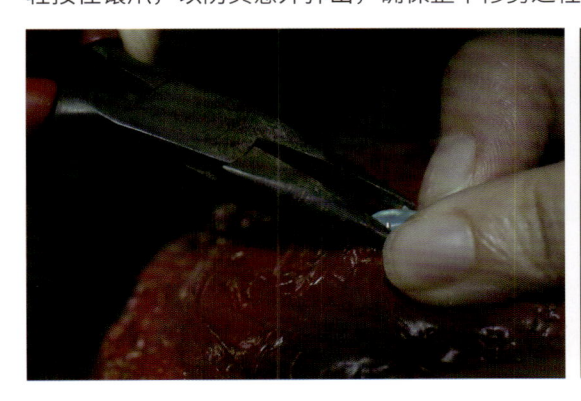

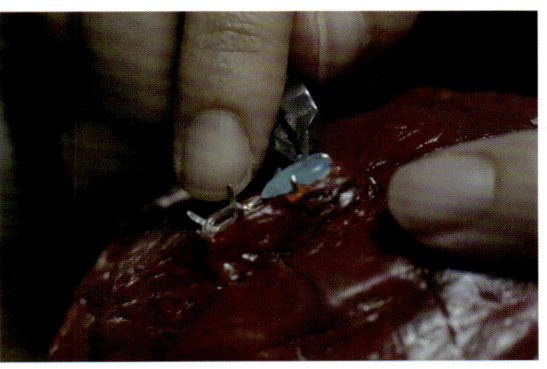

使用细锉刀细致地修整镶爪的断口处，使其更加平滑完美，至此，基本的镶嵌工序便圆满成功。

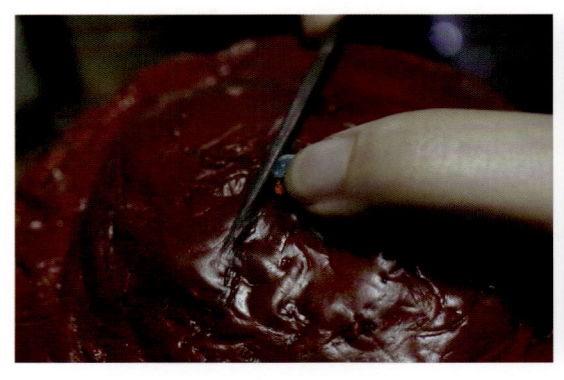

接下来，我们将采用相同的方法，精心镶嵌另一颗素面宝石。在所有镶嵌步骤都精准完成后，使用砂纸棒或细腻的胶轮，对镶嵌部位进行细致的打磨，以消除任何细微的瑕疵。最后，进行抛光处理，让整件珠宝作品焕发出璀璨夺目的光彩，完美呈现其非凡魅力。

对于带有棱角的宝石，建议在棱角处巧妙布置镶爪，这样不仅能更有效分散宝石所受的力，还能在佩戴过程中为宝石的棱角提供额外保护，避免其因意外磕碰而受损断裂。

本例仅为四爪镶这一最为经典且常见的镶嵌方式的操作演示，旨在展示基本的镶嵌技巧与流程。

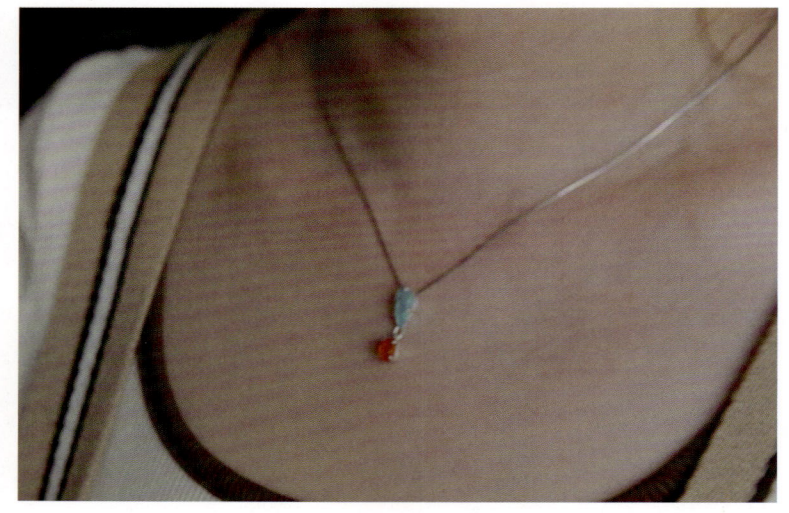

本作品以感叹号为设计灵感
（由孙婧文女士设计制作，材质：925银、异极矿、锰铝榴石）

6.2 微镶的基本操作方法

6.2.1 微镶技法及使用工具

微镶技艺，是在具有一定厚度的金属基底上，通过精细的开孔与开槽工艺，嵌入尺寸恰到好处的小粒宝石，无论是单颗点缀还是群镶组合，都能展现出非凡的魅力。其基本原理与大主石的包镶、爪镶一脉相承，但因镶口尺寸极为小巧，整个镶嵌过程主要在金属片内部进行，对技艺的精湛度与细腻度要求更高，展现了珠宝镶嵌艺术中的极致工艺与匠心独运。微镶技法所需工具如下。

微镶镜：堪称微镶技艺中的核心利器，其外观酷似精密的显微镜，通过灵活调整焦距，能够清晰地洞察那些直径细微至极的宝石，以及微镶过程中的每一个细节，为微镶师提供了不可或缺的视觉辅助。

指套：则是微镶过程中另一项至关重要的辅助工具，特别是那种具有一定厚度的指套。在微镶作业中，当一手持铲刀精细操作时，另一只手往往需要稳稳扶住微镶底座。此时，指套便发挥了其重要的保护作用，有效防止了因不慎触碰铲刀而可能导致的误伤，确保了微镶师的安全与作业的顺利进行。

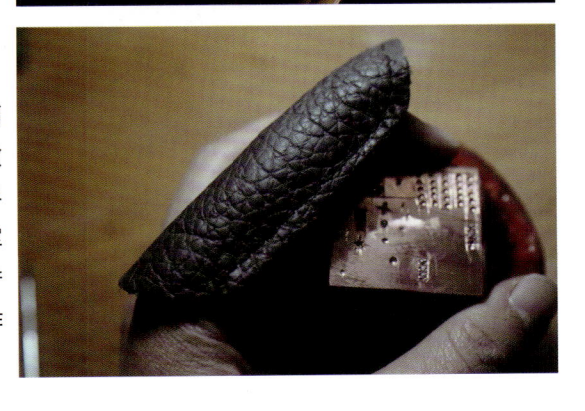

铲刀：在微镶技艺中扮演着至关重要的角色，其中平铲与三角铲是较为常用的两种。此外，气动铲刀的应用更是让微镶线条呈现更为光滑而有力的效果。搭配气动手柄，可以轻松更换各式刀头，使其不仅作为微镶的得力助手，更能摇身一变成为雕金工具，用于雕刻出繁复精美的图案。在某些特定情境下，它甚至能够巧妙替代包镶过程中所需的锤子和錾子，展现出其多功能性与灵活性。

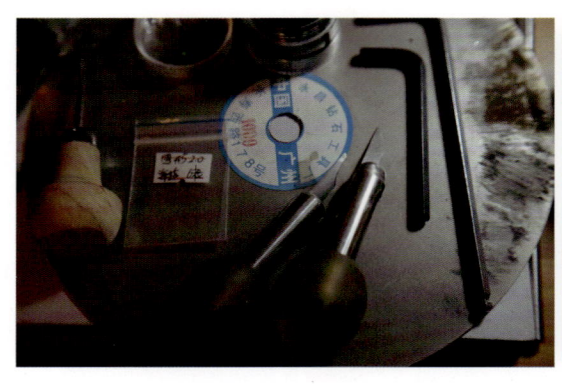

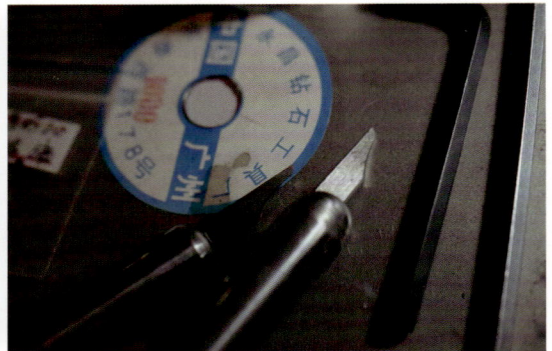

照明工具：其在微镶过程中至关重要，因为它能确保在透过微镶镜观察时，提供充足而明亮的光线，让微镶的每一个细微之处都能清晰可见，从而助力微镶师精准操作，成就非凡的珠宝艺术之作。

火漆球：作为一种高效的固定工具，在微镶等精细作业中发挥着重要作用。当然，根据实际需求，它也可以被其他胶板工具、万能镶石球或任何具备旋转底座功能的固定工具所替代，以满足不同作业场景下的需求。

台式吊机（雕刻机）：在微镶这一精细工艺领域，尽管普通吊机也能完成相应任务，然而台式吊机以其出色的稳定性脱颖而出，无疑为微镶作业提供了更为精准可靠的支撑。对于追求工艺极致的匠人而言，台式吊机无疑成为首选利器。

所有镶嵌需要的各类针头以及吸珠针：镶嵌工艺所需的针头种类繁多，包括各型号的牙针、球针、厚薄不一的飞碟针以及钻针等。选择哪种针头，需要根据待镶嵌配石的大小来确定。在镶嵌过程中，若使用吊机，通常会配备用于普通爪镶的吸珠针；而在微镶领域，则更常使用带手柄的手动吸珠针，其针头尺寸更为精细。

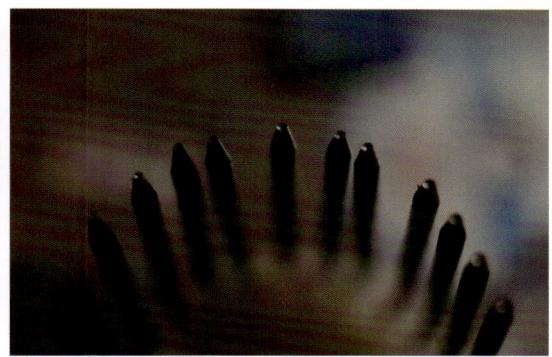

橡皮泥：在镶嵌过程中，橡皮泥发挥着重要作用。它主要在使用球针进行定位打孔前被蘸取，作为针头和金属之间的介质，起到缓冲和保护的作用。

小盒子：可以准备一个小盒子，装入海绵并倒入适量的油。在镶嵌过程中，这个小盒子非常实用，可作为取配石的辅助工具。由于镶嵌的配石以钻石为主，而钻石具有亲油疏水的特性，因此在钢压上蘸取一些油后，便能轻松地从盒子里取出钻石，然后将其镶嵌到金属上。

6.2.2 铲边镶

铲边镶的关键是找到与配石厚度相匹配的金属板，通常可以选择铜板进行练习。在练习过程中，火漆的堆叠需要确保平整，避免有任何凸出的部分，以防干扰铲刀的操作。建议初学者先从铲直线和直角开始练习，逐步掌握技巧后再进行镶嵌操作。在进行铲边镶嵌时，应使用与配石尺寸相匹配的球针来打直排孔，一般打 3~5 个孔，保持均匀的间距。每个孔的深度应控制在球针长度的 1/3~1/2，以确保镶嵌的稳固与美观。

使用三角铲，沿着球针边缘精心铲出一个矩形区域。接着，利用钻针将每个圆孔的底部钻尖，以便后续操作。然后，通过牙针在每个孔之间打通通道，确保各个孔相互连通。此外，也可以选择使用平铲进行铲通操作。重要的是，要确保三角铲铲出的边缘与孔之间的位置也完全连通。这样一来，每个空洞周围都会形成方块状的金属，这些金属将作为微镶爪的备用材料，以备不时之需。

在配石稳固安放、无晃动，并且确保其腰棱完全置于金属平面内之后，使用平铲进行分钉操作。最后，利用吸珠针将分好的钉吸成圆形，紧紧压住配石的 4 个角，以确保其稳定性。完成镶嵌后，务必进行细致的检查，确认镶嵌是否牢固无误。

铲边镶和顺序如下。

a. 球针定位打孔。

b. 三角铲铲边直到形成矩形。

c1. 牙针打通各个镶口之间的通道。

c2. 也可以使用平铲打通道。

d. 用钻针打尖底部，坐稳配石确保不会移动。

e. 用平铲分钉（一块金属分成两块金属）。

f. 用吸珠针吸圆分好的钉，并压住配石的 4 个角。

球针与钻针的组合是专为圆明亮型切工而设计的，但若有其他针头形状与钻石亭部相吻合，也可作为此组合的替代选择。

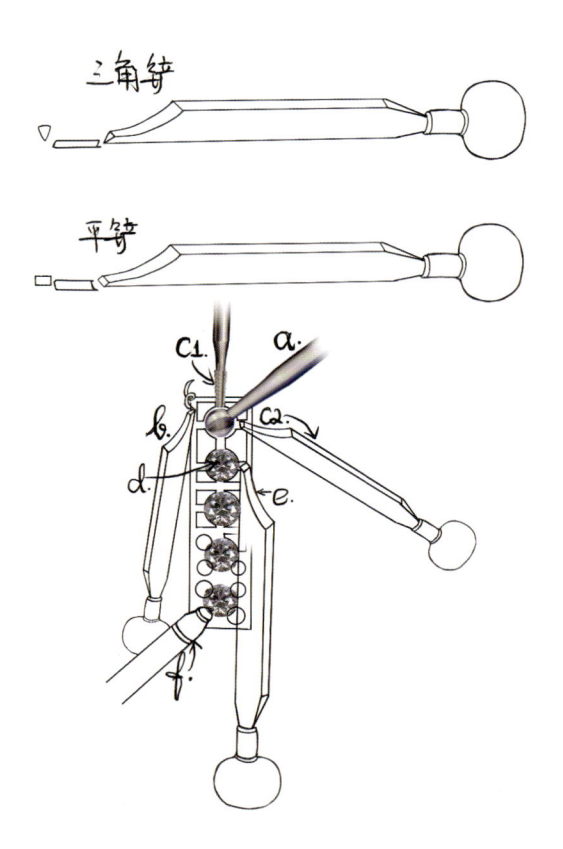

6.2.3 虎口镶

进行虎口镶时，需要选取与所镶配石直径相近的金属条，此处以铜板侧面为例。同样，首先使用球针进行定位并打孔。

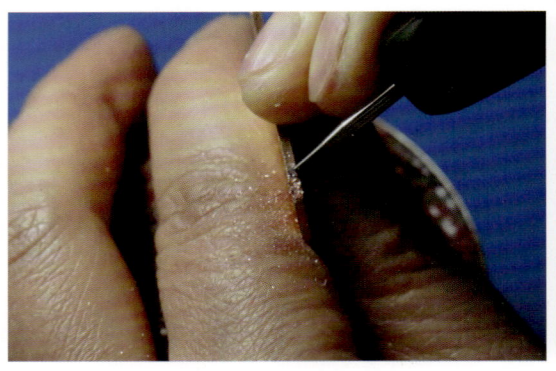

使用牙针进行开槽操作，其原理与铲边镶相似，但区别在于无须铲边，直接进行开槽即可。通过此步骤，我们能够清晰地观察到配石的腰棱。

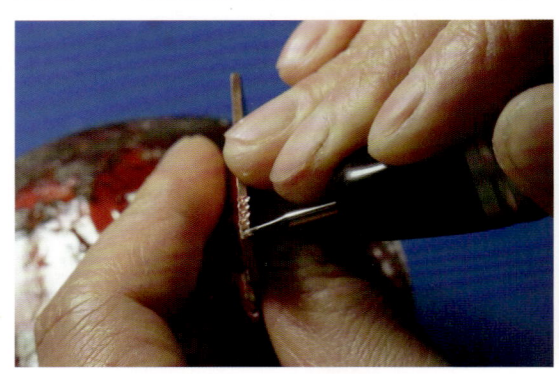

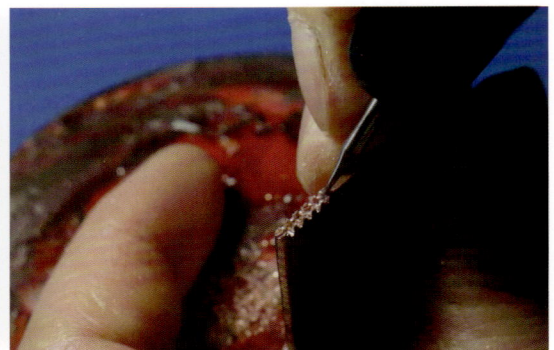

从侧面观察，我们可以清晰地看到打孔和开槽的效果。

使用钻针将底部钻尖，可以确保配石稳固地放置。随后，利用平铲进行分钉操作。

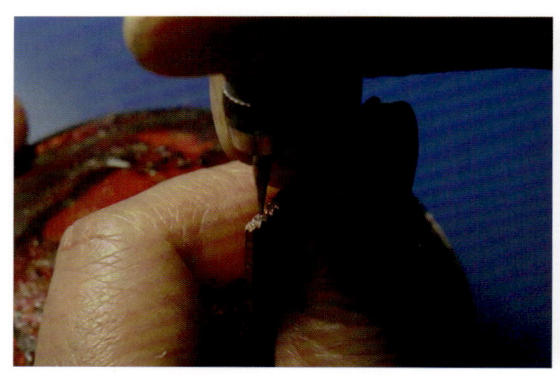

最后一步，使用吸珠针将爪部吸成圆形，并确保其紧紧压住配石的 4 个角，从而完成整个镶嵌过程。

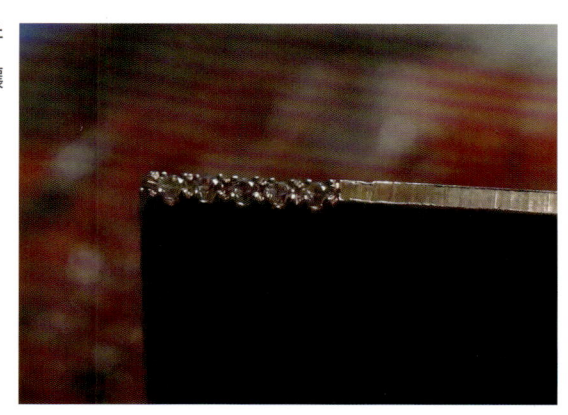

6.2.4 起钉镶

起钉镶的操作原理与铲边镶相似。以大小相同的群镶配石为例，首先需要使用球针进行精确的定位和打孔。

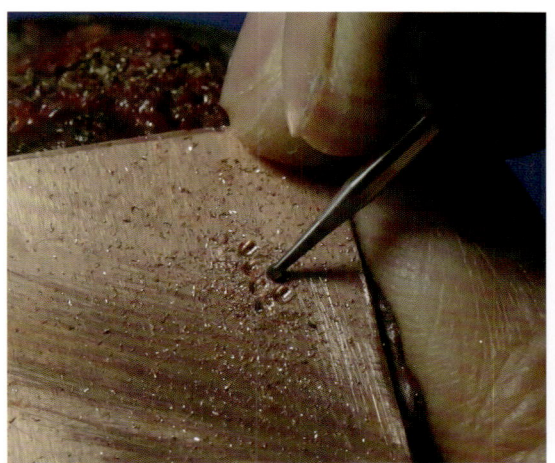

接下来，利用三角铲精心铲出边缘，为后续的镶嵌步骤做好准备。

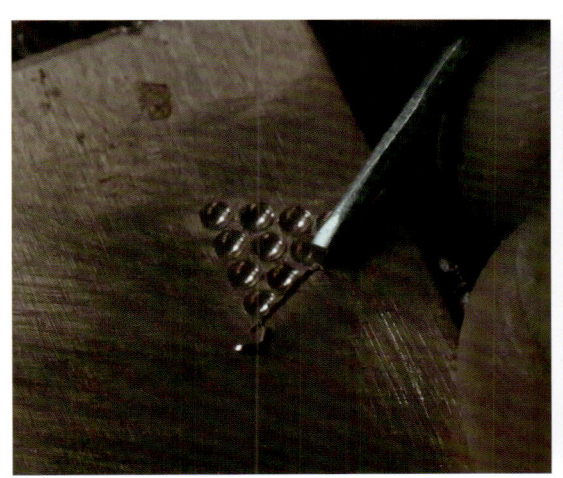

然后，使用牙针进行开槽操作。在这一步骤中，需要事先规划好每颗配石所需的爪的数量和具体位置，以确保镶嵌的准确性和稳固性。

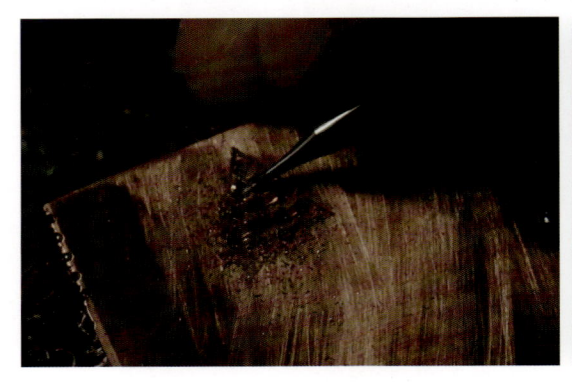

在使用钻针将底部钻尖之后，小心地将配石稳固地放入镶口中。接着，利用平铲进行分钉操作，确保每个钉的位置都准确无误。最后，使用吸珠针将每个爪部吸成圆形，并紧紧压住对应的配石，以确保镶嵌的牢固性和美观度。

✳ 大小石镶嵌的起钉镶

这种镶嵌方法与之前提到的起钉镶的唯一区别在于，它采用的是大小石头交错排列的方式。在进行镶嵌时，需要根据预留的空隙来精确排列石头。

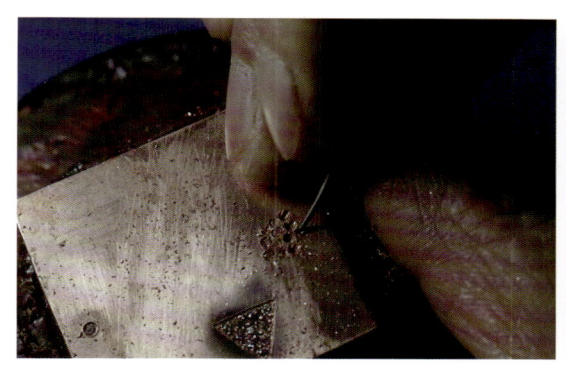

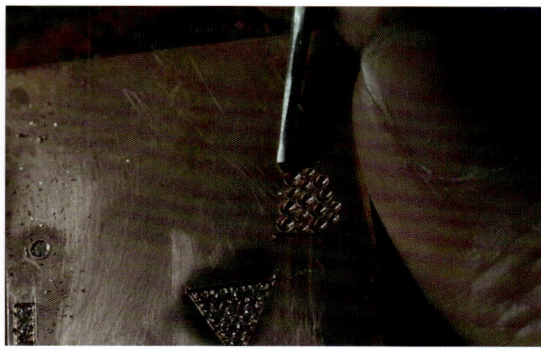

无论是哪种镶嵌方式，其步骤都是相似的。首先进行打孔，接着铲边、开槽，然后放置石头，再进行分钉，最后用吸珠针将爪部吸圆并固定，以确保镶嵌的稳固与美观。

只是在排列石头和钉子时需要格外用心，并提前进行周密的布局，以确保每颗配石都有充足的爪部来稳固，从而避免石头脱落的情况发生。

延伸 抹镶和星星起钉镶

抹镶和星星起钉镶是两种精湛的镶嵌技艺，它们都非常适用于单独点缀一颗配石，能够为珠宝作品注入别具一格的优雅与魅力。

抹镶

首先使用球针进行打孔，接着利用钻针钻底（若拥有与钻石切工相匹配的针头，可直接使用）。随后，可以选用飞碟针开设一圈槽位（此步骤的原理可借鉴刻面宝石的包镶工艺）。之后，使用钢压工具沿着配石的边缘细致地画圆，直至金属边缘被完全按压并紧密包裹住配石的腰棱。另外，这一步骤也可以通过使用比配石稍大一圈的吸珠针来直接吸附镶口，从而实现精准、快速且规整地镶嵌。

星星起钉镶

首先进行打孔操作，随后使用钻针钻底。接着进行四点定位，确保位置准确。在铲刀操作时，稍微倾斜一定角度，以精准地铲出大星星的 4 个角。

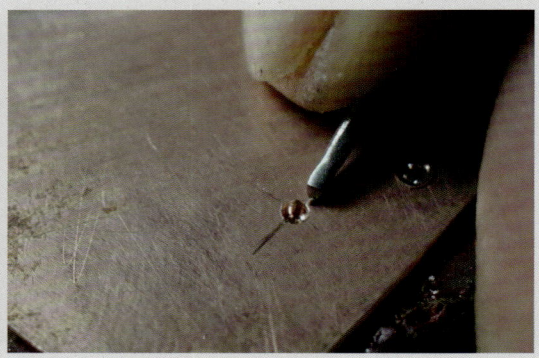

在铲出大星星的 4 个大角时,无须预留金属料,可以直接铲透。

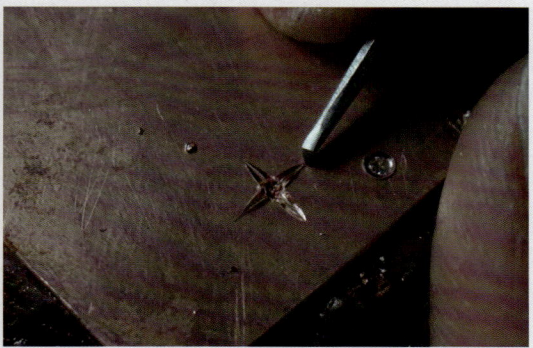

在放入配石后,开始铲出 4 个小角,并将铲起的金属料精心堆积在配石周围。随后,利用吸珠针将这些金属吸成圆形,并准确地按压在配石的 4 个角上,以确保其稳固固定。

6.2.5 隐秘式镶嵌的原理

隐秘式镶嵌与传统镶嵌在原理上存在显著差异。传统镶嵌通常利用金属爪来稳固宝石，使金属爪固定宝石的部分清晰可见。然而，隐秘式镶嵌则采用了一种更为巧妙的方式：它在宝石腰棱下方的亭部开设槽口，并将金属制作成轨道形状，以便宝石能够顺畅地推入金属槽内并实现稳固固定。这种镶嵌形式的独特之处在于，从正面观察时，完全看不到金属固定宝石的痕迹，从而在大面积镶嵌时能够更充分地展现宝石的璀璨光彩。不过，这种镶嵌方式对加工工艺有着极高的要求。

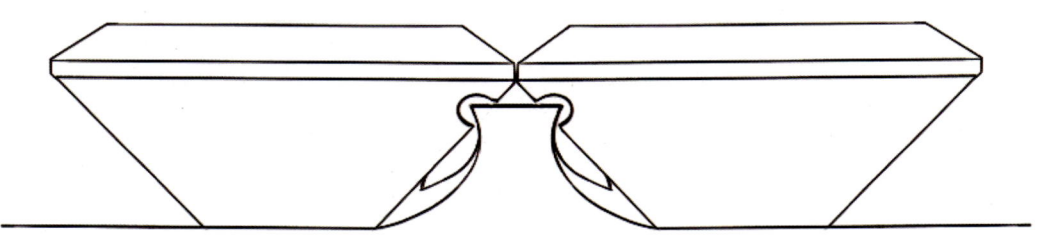

隐秘式镶嵌示意

隐秘式镶嵌胸针（Van Cleef & Arpels 品牌）

6.2.6 镶嵌与珠宝

✳ 镶嵌与珠宝的关系及设计中的运用

在首饰制作工艺中，金属部分无疑占据重要地位。然而，通过巧妙地搭配镶嵌技术，我们能够更出色地展现出一件作品的层次感和质感。同时，宝石的融入也是珠宝设计本身的内在需求，它们共同构成了珠宝的独特魅力和价值。

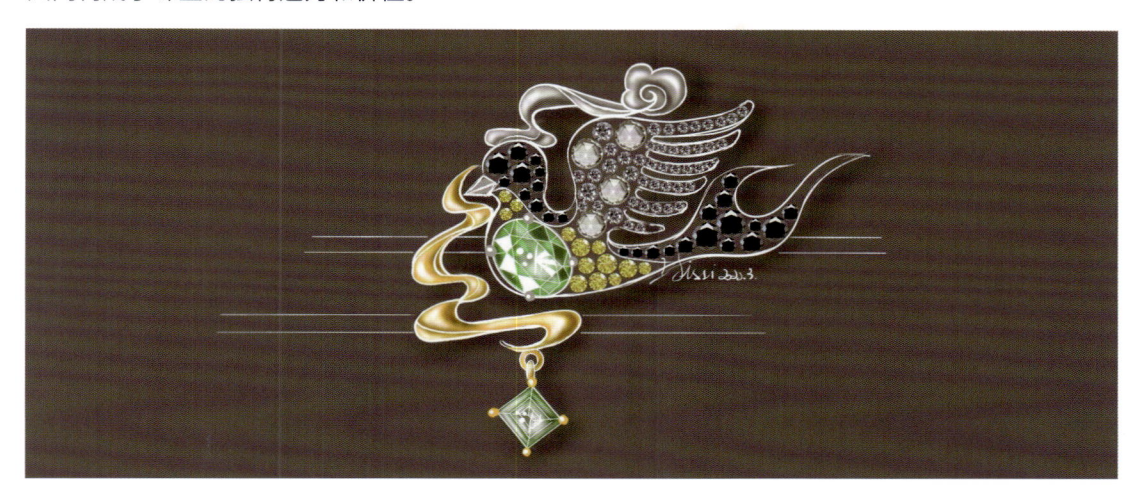

不同颜色、大小和切工的宝石在金属上的呈现效果各异，这为珠宝设计带来了无尽的创意空间。为了充分展现天然宝石的优质质感，有时需要巧妙地运用分色工艺的金属来进行搭配。以一款燕子造型的戒指为例（如下图所示），它镶嵌了祖母绿作为主石，并辅以无色钻石、黄色钻石和黑色钻石作为点缀。这款戒指通过不同的色彩和立体造型，呈现了丰富而有趣的视觉效果。群镶的不同颜色配石部分，通过分色电镀工艺，分别被赋予了金色、银色和黑色，使作品的层次感更加鲜明。在未经分色电镀处理之前，整体金属色调偏灰，天然彩色钻石的颜色饱和度也相对较低。此外，起钉的分布可能会给人一种杂乱无章的感觉。然而，经过金属统一色调的处理后，作品整体区域划分明确，明亮度显著提升，宝石的饱和度也更高，从而带来了更加出色的视觉体验。

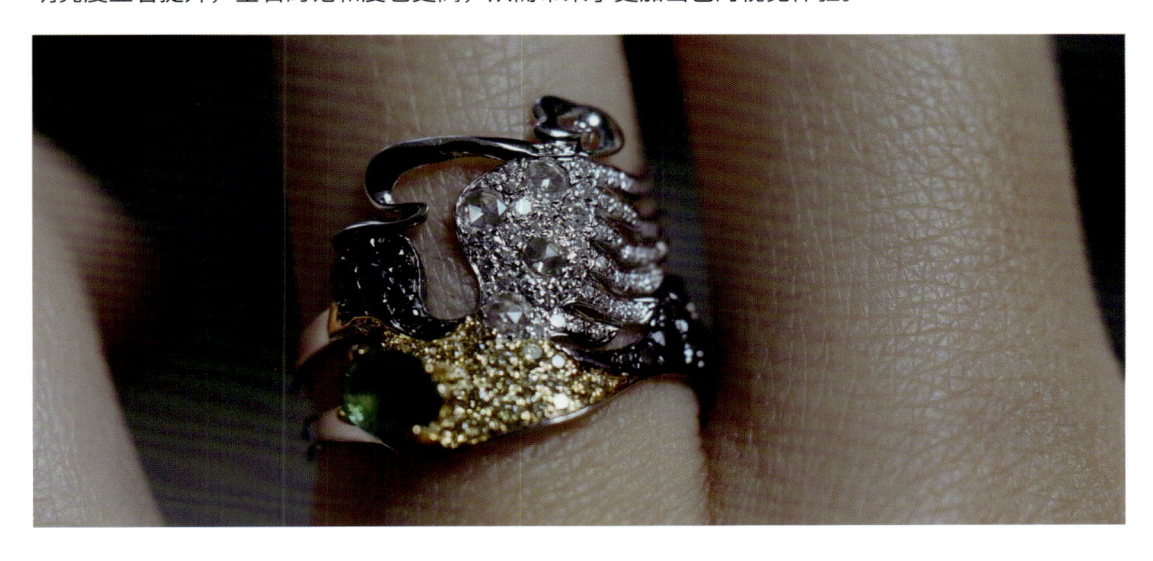

戒指上的配石主要采用了圆明亮切割的钻石，它们熠熠生辉，闪耀着迷人的光芒。其中，点缀着几颗相对较大的玫瑰切割钻石，这种切割方式使钻石没有亭部，整体呈现通透的质感。这些玫瑰切割钻石与圆明亮切割的配石相互映衬，不仅丰富了层次感，还避免了单一密集的视觉感受。至于主石的位置，通常会比配石部分略高一些，以凸显其重要地位，当然也存在一些例外的设计，展现出别样的美感。

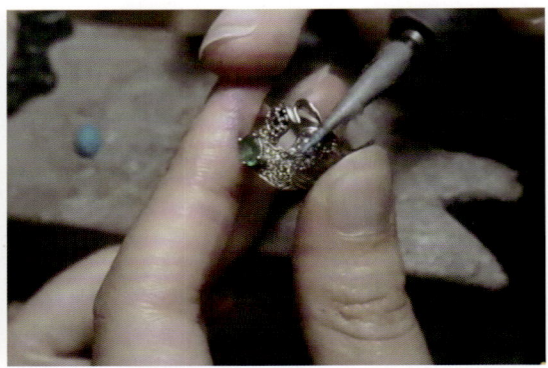

左图为球针定位开孔的效果；右图为镶石结束未抛光电金时的效果

　　搭配一款精心设计的组合戒，不仅能够让戒指佩戴选择更加多样化，还能为整体造型增添一抹别致的时尚韵味。

《六九冰开，七九燕来，你是立春之后一树一树的花开》（材质：18K金、祖母绿、钻石，作者自有工作室设计制作）

  当然，分色并不一定要完全按照配石的颜色来进行。例如，镶嵌黄色或无色配石时，也可以选择搭配黑色镀层，而蓝色或无色配石则可以与黄色金属相搭配。此外，若使用色彩丰富的钛合金等金属来搭配配石，将会得到饱和度更高的作品，呈现更加绚丽夺目的视觉效果。

✳ 不同特性的宝石的设计及镶嵌

不同特性的宝石需要采用不同的镶嵌方法，只有与宝石特性相匹配的镶嵌方式，才能创作出更加精美的作品。

某些宝石具有独特的特性，即在不同颜色和材质的背景下会展现出截然不同的效果。以墨西哥产的一种欧泊为例，这种宝石本身透明，内部蕴含着炫彩。当它被黑色背景承托时，其色彩会显得更为鲜明且丰富。为了满足设计需求，可以选择封底，并将底部制成黑色，以最大限度地突出炫彩部分。同时，封底部分还需要经过精细的打磨和抛光，以确保宝石能够呈现更加明亮的效果。

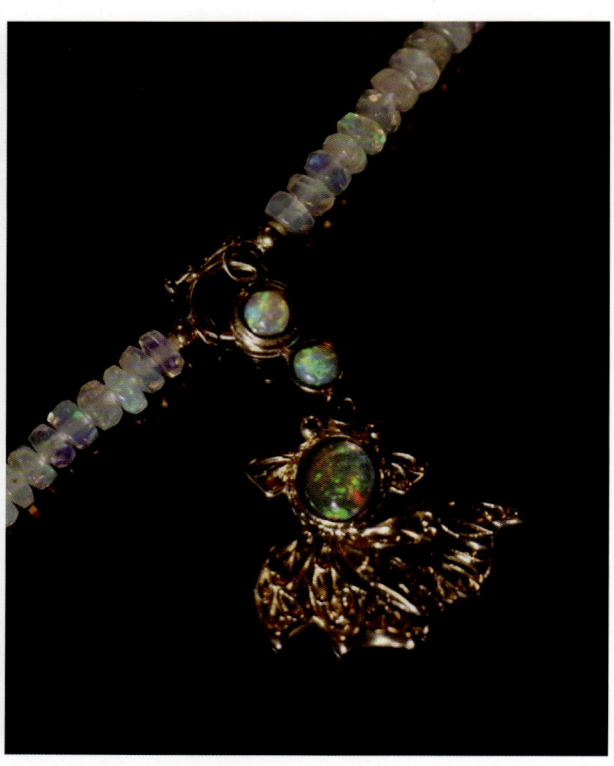

左图为墨西哥炫彩欧泊未封底透光的效果；右图为墨西哥炫彩欧泊在黑色背景下的效果

延伸

对于绿色且具透明度的翡翠而言，采用金色镶嵌封底能够使其颜色显得更加浓郁，而优质的抛光处理则能进一步提升翡翠的透明度，使其更加晶莹透亮。然而，目前市场上有些商家会利用封底来调整裸石镶嵌后的颜色，导致裸石颜色失真，这种做法并不值得推荐。对于大部分的刻面宝石而言，通常不建议进行封底处理，也没有这个必要（除非出于特殊设计需求）。普通的刻面宝石需要光线进入宝石内部产生折射，才能使宝石显得更加通透亮泽。不过，圆明亮型切割的钻石是一个例外。在切工精良的情况下，光线从台面进入宝石内部后会发生全内反射，再从台面折出，因此无论亭部是否被封住，基本上都不会影响钻石的明亮效果。

6.2.7 珐琅上釉

珐琅工艺源远流长，通过在金属表面施加多彩釉料，赋予了金属以绚烂的色彩，从而弥补了贵金属色彩单一的不足。在首饰制作中，珐琅的胎体可以选用铜、银、金或合金等材质。珐琅首饰以其色彩缤纷、工艺繁复而著称，对制作者的技艺要求极高。

珐琅工艺种类繁多，包括掐丝珐琅、透空珐琅、錾胎珐琅、内填珐琅、画珐琅等。通常情况下，珐琅需要经过高温烧制才能完成。尽管在面积较小且颜色单一的情况下，可以使用火枪进行烧制（但这种方法并不推荐）。为了确保珐琅制作的成功，常规制作过程中应使用可控温的珐琅炉，其中，保持温度的稳定以及恰当的烧制时长是制作成功的关键因素。

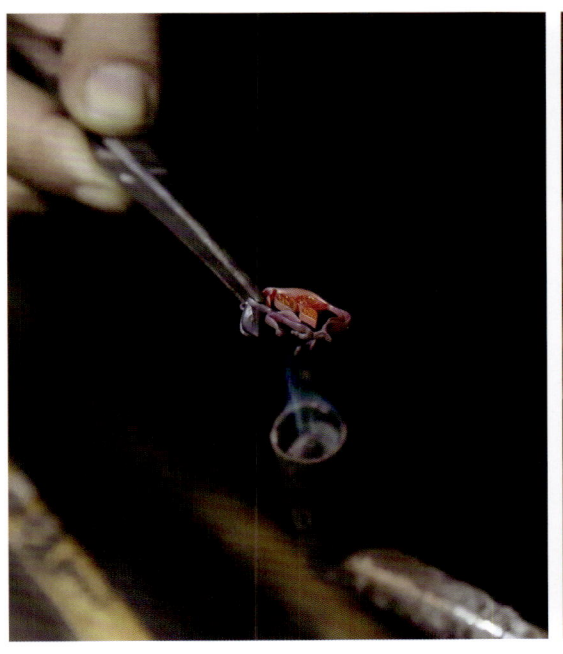

《茶》（由《翡翠》杂志团队拍摄，极乐鸟工作室烧制，其他部分由作者自有工作室设计制作）

《茶》（材质：18k金、珐琅）

对于面积较小或色彩单一的珐琅点缀，虽然可以使用火枪进行烧制，但不同颜色、不同品牌的珐琅釉料对温度和烧制时长的要求各异。因此，更推荐使用能够精确查看和控制温度的烤制设备，以确保烧制过程的稳定性和可控性。珐琅作品的成品率之所以不高，是因为任何一个环节出现问题都可能导致整件作品前功尽弃。

数控电炉便是一种理想的烤制设备，它不仅能用于珐琅的烧制，还可以应用于需要恒温且高温制作的材料，如银泥等。经过高温烧制的珐琅色彩鲜艳，呈现独特的玻璃光泽和质感，其硬度足以支持后续的打磨和抛光处理。与贵金属及各类贵重宝石组合后，珐琅能够保持多年甚至上百年的色彩鲜艳、不脱落，这也是珐琅工艺得以历久弥新的重要原因。

尽管现在在市场上也有低温珐琅或免烧的冷珐琅产品，但在材料特性、工艺水平和最终质感方面，它们与经过高温烧制的珐琅相比仍存在较大差距。

6.2.8 铸造

在批量压模过程中,技术精湛且经验丰富的开胶模师傅至关重要。他们的技艺能确保胶模在割开后重新合并时,挤入其内的蜡能与原版保持高度一致。然而,胶模的柔软性可能导致变形和细节失真等问题,这需要特别注意。

批量压模的常见难题是缩水现象。当从金属模中首次倒出成品后,与后续再次压模倒出的半成品相比,尺寸会显著缩小。因此,在最初预设大小和细节时,必须充分考虑这一因素。

对于组合件,特别是那些具有多个贴合部分的作品,贴合不良的问题可能会更加突出。这要求在设计阶段就深入考虑作品的版型和细节,同时,执模师的丰富经验也显得尤为重要,以确保最终成品的质量。

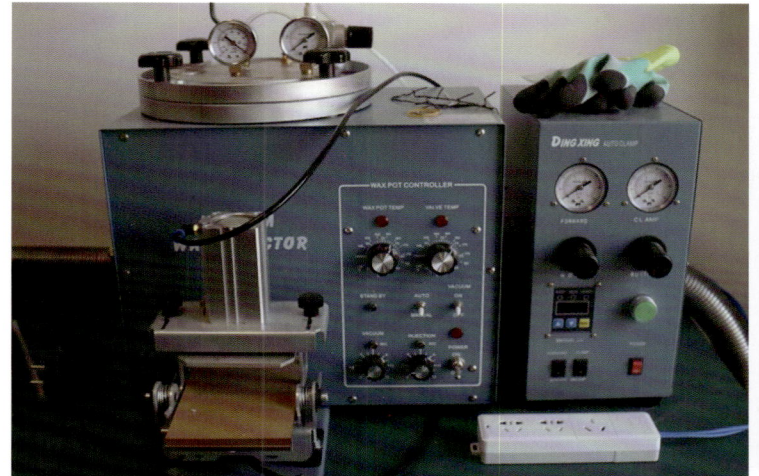

左图为挤蜡机,蜡可以在机器内熔化并挤入胶模;右图为压制胶模的设备

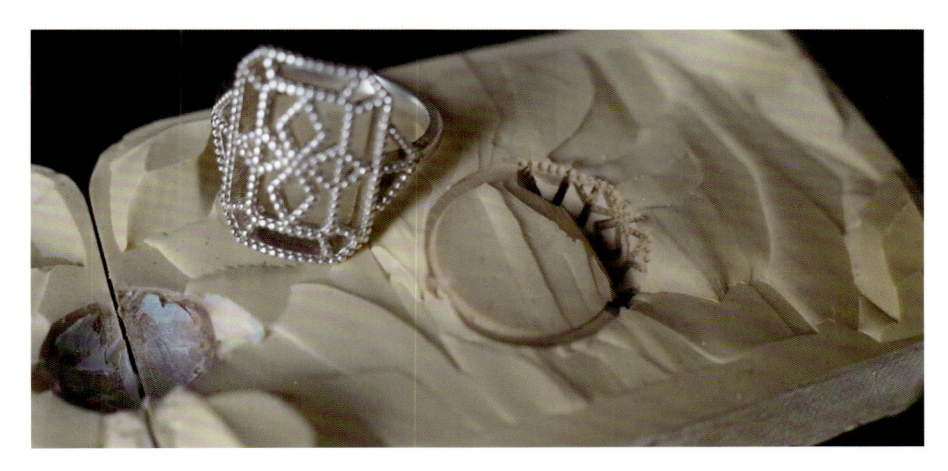

147

CHAPTER 7
首饰设计与制作案例解析

7.1 珍珠胸针坠

珠镶工艺通常使用带有螺纹的金属条材，通过旋转方式嵌入珍珠内部，并搭配宝石胶进行固定。在实际应用中，半孔珍珠因其适用性更广而常被选用于珠镶首饰。相对而言，全孔珍珠则更多地被用于制作珠链，或者与金属丝及其他材质的线材结合，创作出别具一格的饰品。

这款珍珠胸针的制作流程采用了先进的计算机技术进行起版设计，随后通过 3D 打印技术制作出模型。接着，运用失蜡浇铸工艺将模型转化为半成品，最后进行精细的执模与镶嵌工作。在胸针的组装过程中，各个分件如胸针配件或吊环等，都需要经过单独的组装与焊接，以确保整件作品的精致与牢固。

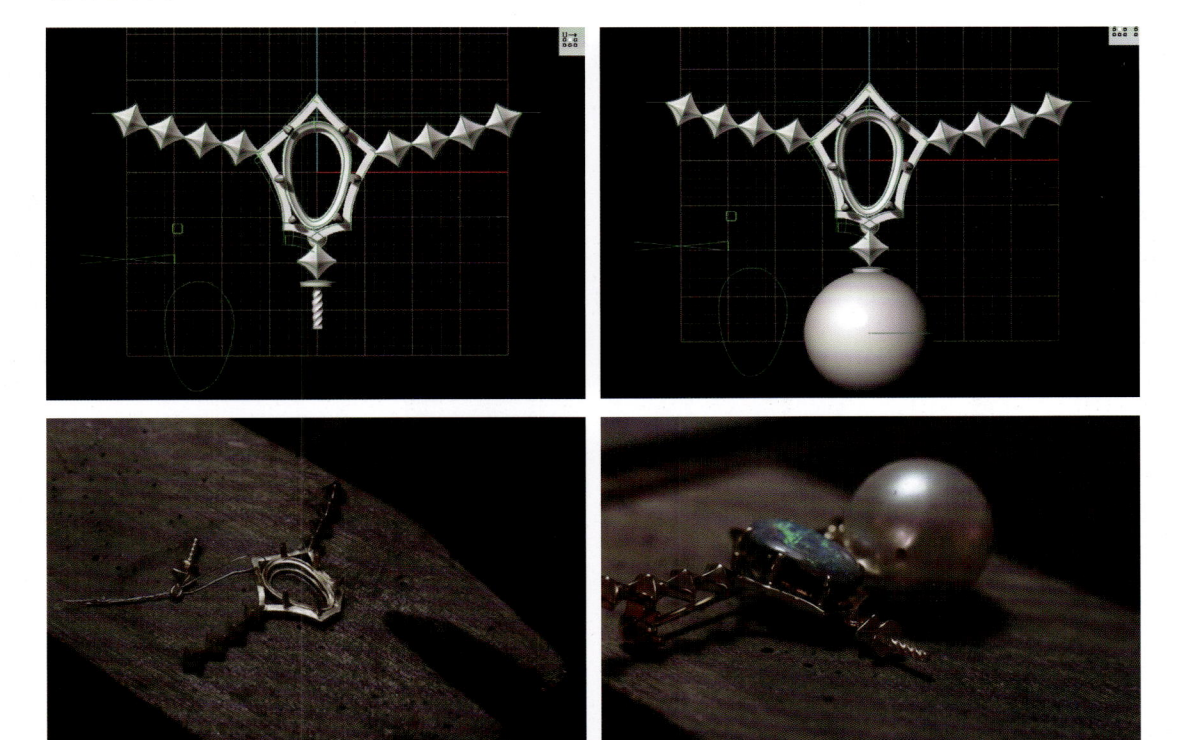

焊接的方法与前文所述相同。具体步骤为：首先将焊料熔化成小球状，并点在镊子的外侧备用；接着，对需要焊接的金属件进行整体加热；随后将焊料小球准确地点在焊接部位。

加热时，重点加热含有焊料的金属部分（注意不是仅加热焊料本身），直至焊料充分熔化并流动，此时可停止加热。若配件之间难以固定，可借助激光点焊机先将不同配件固定在预定位置，然后再进行明火焊接。

胸针的配件种类繁多，其中，一种类似兔子耳朵形状的开合扣尤为常见，下图便是这一典型配件的展示。

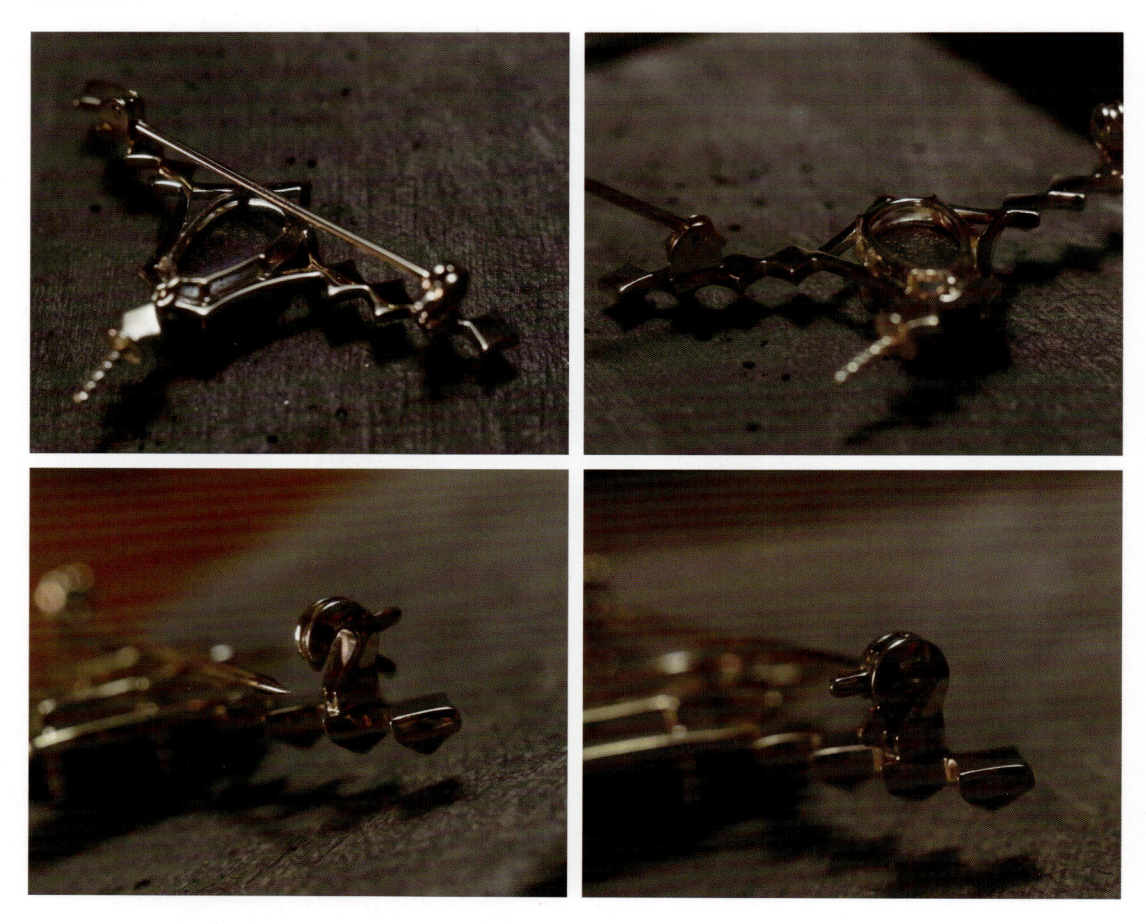

除了上述的类似兔子耳朵形状的开合扣，胸针配件还包括拉筒结构和帽针样式的，这为胸针的设计和制作提供了更多样化的选择。

珍珠胸针坠（材质：18k 金、珍珠、欧珀，高娴女士设计，作者自有工作室制作）

7.2 爪镶戒指

本例主要展示的是一枚采用金工起版技术制作的爪镶戒指。以银质材料为主，制作过程中，需要将条材通过拉丝板拉至所需的粗细程度。在此过程中，为了确保材料的可塑性和降低制作难度，需要反复进行退火处理。

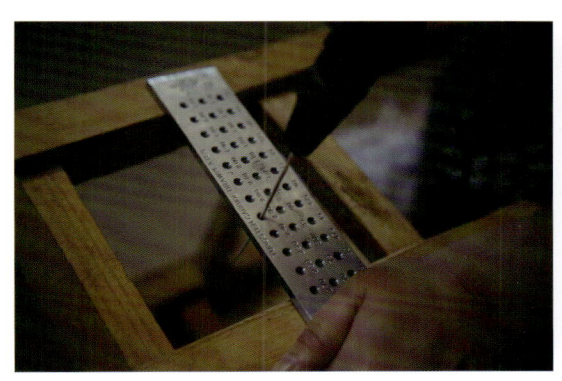

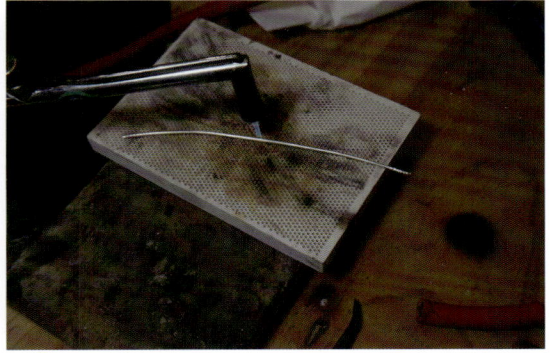

在制作过程中，若需要弯折金属条或金属片至特定角度，则需要先使用锉刀锉出相应深度的缺口。不同角度的弯折需求，需要配合不同深浅的缺口来实现。下图所示的工具为三角锉，是完成这一步骤的常用工具。

在弯折金属条或金属片的过程中，必须确保弯折点受力集中，同时避免对其他部分造成不必要的影响，以保持作品的整体美观与结构稳定性。

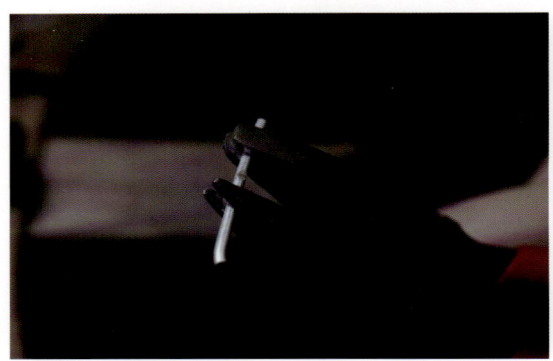

将两根经过相同弯折处理的圆柱形条材叠加并焊接在一起，随后在形成的 4 个角之间焊接一个大小适宜的圆环。在焊接圆环之前，建议使用圆锉在 4 个角锉出缺口，这样便于 4 个爪更紧密地卡入圆环内，不仅使焊接过程更加牢固顺利，还能确保更贴合的效果。圆环的尺寸应根据需要镶嵌的主石大小来确定，若是刻面宝石，则需要将圆环做得稍小于宝石的最大直径，以确保宝石的腰棱能稳固地放置于圆环内。

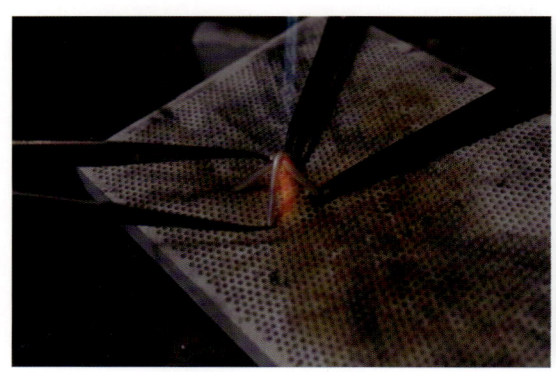

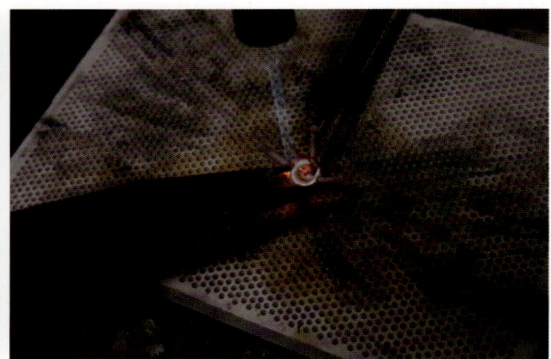

在完成基础镶口的制作后，接下来需要按顺序组合并焊接剩余构成戒指的配件。全部焊接完成后，可以使用明矾进行煮洗，以确保戒指的整洁与美观。

使用砂纸对戒指进行打磨时，应从低目数逐渐过渡到高目数，以确保打磨的细致与均匀。在此过程中，可以选用砂纸棒、砂纸锥和砂纸飞碟等辅助工具，特别注意将焊点处理得干净无痕。在镶嵌宝石之前，建议先对镶口进行抛光处理，因为除了钻石这类能达到全内反射效果的宝石，大多数宝石在抛光后的镶口上会显得更加璀璨夺目。

采用与前文所述的爪镶方法相同，首先使用球针打造一个斜面，以便与主石的亭部紧密贴合，确保主石能够稳固地放置于镶口之上。随后，仔细观察主石的腰棱位置，并据此在爪上精确地车出相应的槽位，以确保爪能够紧密地抓住主石，同时展现出精湛的镶嵌工艺。

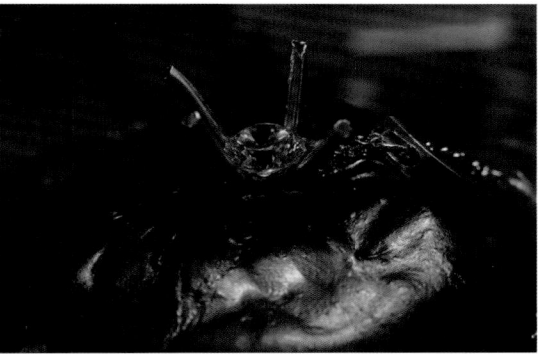

在确保开槽位置能够精准卡住主石腰棱的前提下，使用平嘴钳按对角线方向将爪钳紧至主石腰棱。通过反复调整，直至主石稳固无晃动。随后，利用斜口剪钳将多余部分的爪剪断，剪切过程中需要用食指轻按多余的爪部，以防其弹飞。

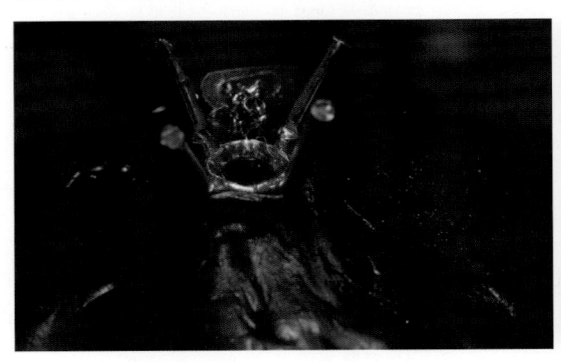

剪爪工作完成后，可以使用细锉进一步修整爪的形状，以达到更加精致的效果。另外，还可以选择使用吸珠针将爪端打磨成圆头，增加美观性和安全性。如下图所示，爪端已经过吸珠针打磨，呈现圆润的形态。

这款戒指设计独特，巧妙地将金属条与链条元素融为一体，既展现了戒指的时尚魅力，又可作为两用款式，轻松变身为吊坠佩戴，为佩戴者带来多样化的搭配选择。

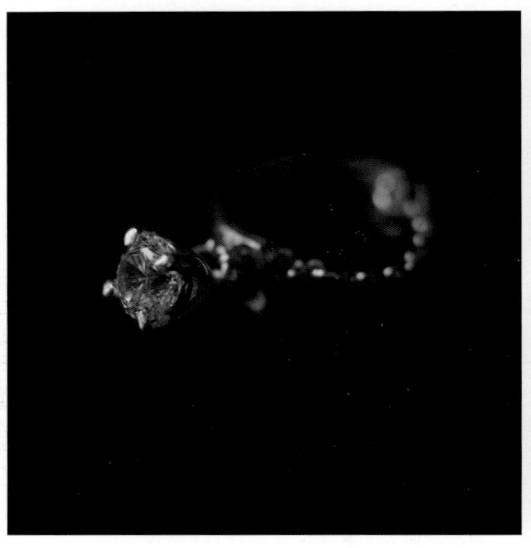

爪镶戒指（材质：925银、锆石，马碧莲女士设计制作，作者自有工作室指导）

7.3 包镶元素耳针

本例讲述的包镶元素耳针，以独特的设计手法将不同镶口的宝石通过类似链条的方式巧妙连接。其中，两颗采用包镶工艺的素面欧珀作为配对元素，相互呼应，而其余的刻面彩色宝石则通过爪镶方式镶嵌，并以不对称的设计呈现，整体效果既富有变化又不失和谐之美。

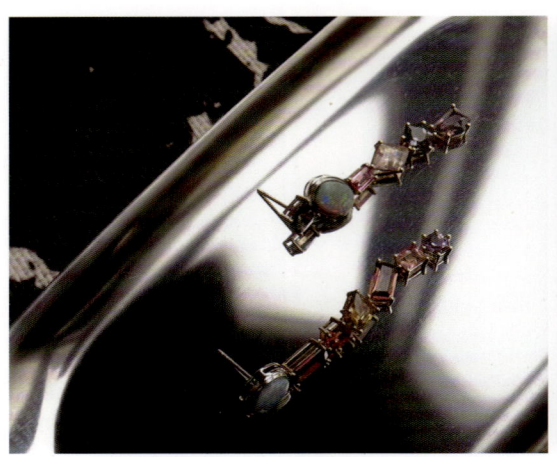

这款珠宝作品主要采用 CAD 起版技术进行设计，随后通过失蜡浇铸工艺制作出半成品，最后经过精细的执模与镶嵌流程，得以完美呈现。

在制作珠宝的过程中，有几个关键的要点需要注意。以椭圆素面宝石为例，首先，关于耳针的焊接位置，可以选择在整个主石的正中位置或者主石上半部分的正中位置，具体取决于宝石的透明度。对于特别透明的宝石，建议将耳针焊接在主石上半部分的正中位置。封底和未封底的镶口在这个问题上有所不同：封底的镶口可以直接焊接耳针，而未封底的镶口则需要一根横穿宝石底部的金属条来提供耳针的焊接部分。

如果是采用爪镶的镶口并需要焊接耳针，那么只能选择未封底的方法。对于未封底的耳钉，可能需要有一定的倾斜角度。在起版的时候，可以根据主石摆正时的横条位置来焊接耳针，或者可以先将主石摆放到适合的角度，再调整横条的位置。无论采用哪种方法，都应尽量确保耳针焊接在整体的中心位置。

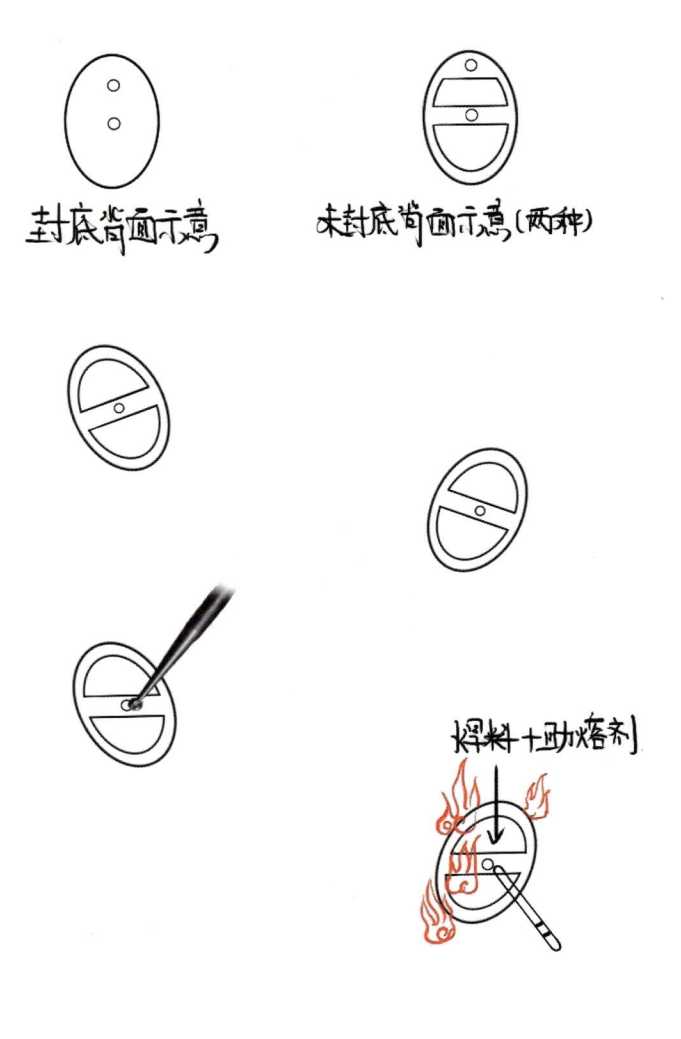

此外，如果耳钉下方还挂有坠子，那么耳钉的角度主要由坠子的位置来决定。在设计和制作过程中，需要综合考虑这些因素，以确保最终产品的美观性和稳固性。

在起版阶段，建议精确确定中心焊接耳针的位置，以确保后续制作的准确性。执模完成后，可以使用球针进一步加深耳针需要焊接的凹槽，为焊接工作做好准备。接下来，蘸取适量的助熔剂和焊料，放置在预定焊接的位置。为固定耳针，可以使用带有底座的镊子进行辅助。如果操作熟练，也可以一手持火枪，另一手用镊子夹住耳针进行焊接。在加热过程中，首先整体均匀加热，然后重点加热焊接部分，直至焊料完全熔化并均匀流动，此时可以停止加热。

焊接完成后，务必反复检查焊接的牢固性，并确认耳针是否位于正中位置，以确保产品质量。接下来进行焊点的打磨工作，按照前文介绍的包镶步骤完成镶嵌后，再进行整体的打磨和抛光。对于白色的 18K 金，不要忘记电镀一层铑，以增强其光泽度和耐久性。

对于质地较软或不便过电金水的宝石，建议在镶嵌前就将镶口修整至与宝石完全匹配的程度，然后进行电镀。最后，在镶嵌修整完毕后，使用笔电式电镀机补充之前未电镀到的部分，以确保产品的整体美观度和一致性。

包镶元素耳针（材质：18K金、欧珀、尖晶石，高娴女士设计，作者自有工作室制作）

7.4 两用首饰

  两用首饰，指的是那些不仅限于单一固定用途的首饰，例如戒指吊坠两用首饰、胸针吊坠两用首饰等。这里以戒指吊坠两用首饰为例进行说明。当戒指转变为吊坠时，其结构设计可以是可拆分的，也可以是无须拆分的。无须拆分的结构通常采用戒面可翻转的设计，其中一根金属轴穿过需要翻转的戒面，同时戒臂部分也预留出足够的空间，以便链条能够穿过，从而保证戒面翻转后可以作为吊坠佩戴。下图所示的款式便巧妙地利用了这一翻转特性，在背后设计了一个"小迷宫"，里面的珠子可以自由滚动，为这款首饰增添了不少趣味性。

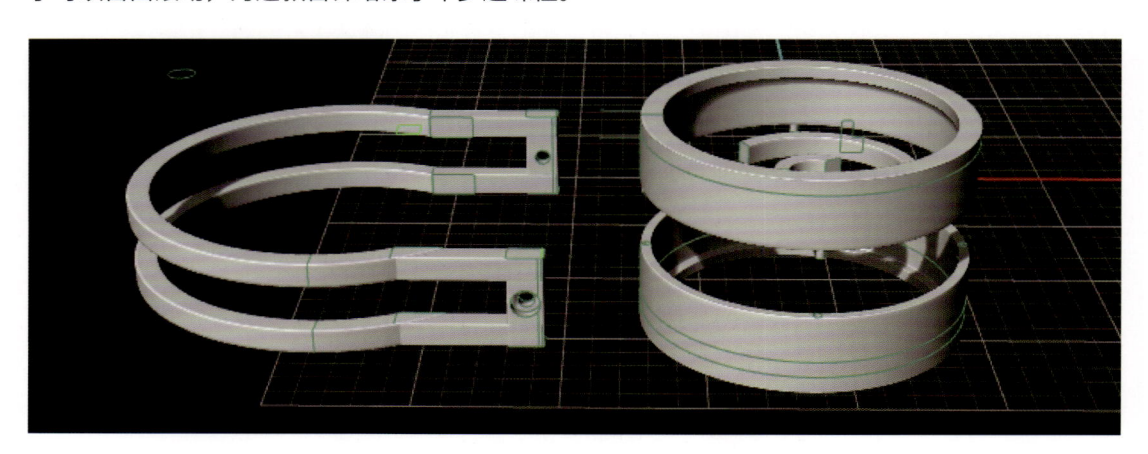

159

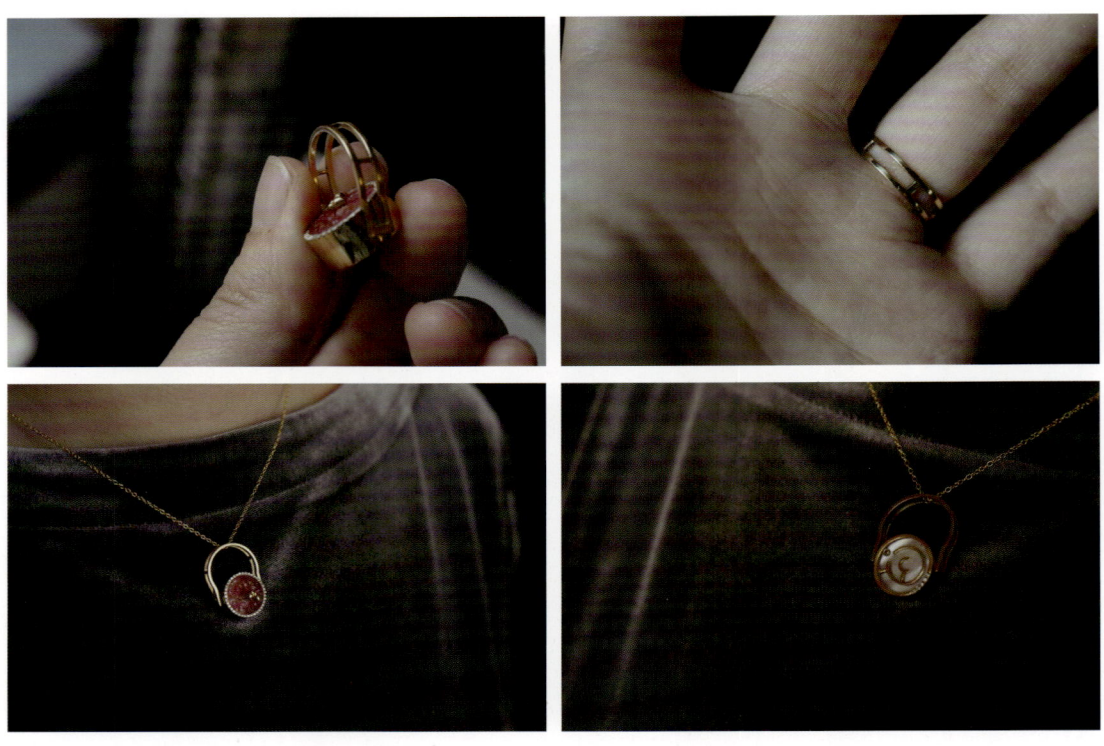

两用首饰（材质：18k金、老琉璃、贝壳、钻石、蓝宝石，孙婧文女士设计制作、作者自有工作室指导）

　　戒指吊坠两用的可拆分结构，通常设计得相当巧妙，允许将戒臂完全取下。在戒面的背后，设有一个隐蔽的扣头，这个扣头可以翻转，便于链子穿过，从而实现戒指到吊坠的灵活转变。在此过程中，固定戒面和戒臂的部分必须设计得稳妥且牢固，以确保戒面不会脱落，避免造成不必要的损失。

可拆分的两用首饰结构，通常在戒面的背面设计有专门用于固定戒臂的配件，同时还配备有连接拆分部分的卡口。例如，戒面部分可能设有一个正方形的镂空组件，而与之对应的戒臂部分则具有可以完全契合的正方形凸起。当这两部分组装在一起时，它们会形成一个几乎无缝隙的平面，从而确保戒指面在组装后不会前后左右移动。为了进一步增强安全性，还会加上一个保险扣。在不打开这个保险扣的情况下，配件是绝对不会脱落的，这样的设计既实用又安心。

吊坠所用的瓜子扣，在作为戒指佩戴时，能够巧妙地收起，且完全不会影响佩戴的舒适度和美观性。

《晨曦》(材质：18K金、无烧黄色蓝宝石、月光石、钻石，作者自有工作室设计制作)

7.5 手链

手链主要由一系列环环相扣的金属配件精致构成。这些配件可能全部采用环状设计，也可能融入各种独特形状或带有镶口的元素，再搭配以可灵活活动的环。无论配件的构成如何变化，它们均巧妙地相互连接，且每个环节都保持着灵活的活动性。接下来，先一同欣赏那些每个配件都呈现环状结构的手链，感受其简约而不失幽雅的韵味。

在每个活动环都基本相同的情况下，首先需要逐一塑造每个环至所需形态，随后按照顺序进行精细的组装与焊接工作。这一过程与前文所介绍的流程保持一致，确保了手链制作的精准与美观。

1. 选取优质银料，使用压片机将其压制成条状。若条件有限，没有半圆条压片机，可以巧妙利用坑铁进行替代。在制作椭圆环时，可以采用两种策略。一是在圈起过程中，借助能形成椭圆形态的长棍类物体作为绕线器；二是先圈成圆形并焊接牢固，随后通过手工捏扁达到椭圆效果。

压半圆条的压片机

2. 完成每个环的焊接后，需要细心关注手链的整体长度及结尾部分的设计，确保既美观又实用。

3. 利用吊机精确安装球针，并对金属表面进行精细打磨，以呈现细腻的坑状纹理，增添手链的质感与层次感。

4. 若椭圆环较粗厚，可以考虑在其上添加不同颜色的金属作为点缀，丰富视觉效果，提升艺术感。

5. 为确保焊接的牢固性与贴合度，需要在中间部位开槽。先用锯轻轻锯出痕迹，再用三角锉逐步加深凹槽。随后，将铜丝巧妙嵌入槽内，调整至合适的长度、形状和接口位置，进行精细焊接。

6. 焊接完成后，需要对留下的痕迹进行细致打磨，直至平整。在打磨过程中，若遇到原有的陨石坑纹理，需要小心还原其原始样貌，以保持手链的独特风格。

7. 进行做旧处理，使手链呈现复古而典雅的韵味。

除了采用传统的环状结构来构建链条，还可以巧妙地运用带有独特造型的镶口替代环，通过逐个连接这些造型镶口，同样能够形成别具一格的链条设计。这种方法不仅丰富了链条的视觉效果，还为其增添了更多的创意与个性。

手链的设计也可以别出心裁，通过将不同形状的配件巧妙连接，再融入镶嵌等精湛工艺，从而使整体造型更加生动且富有层次感。然而，在这之前，必须将所有的配件精心组合并焊接牢固，才能确保后续的镶嵌工艺得以顺利进行。此外，为了让手链更加贴合手腕，部分配件还特别采用了弧度设计，既提升了佩戴的舒适度，又增添了时尚感。

166

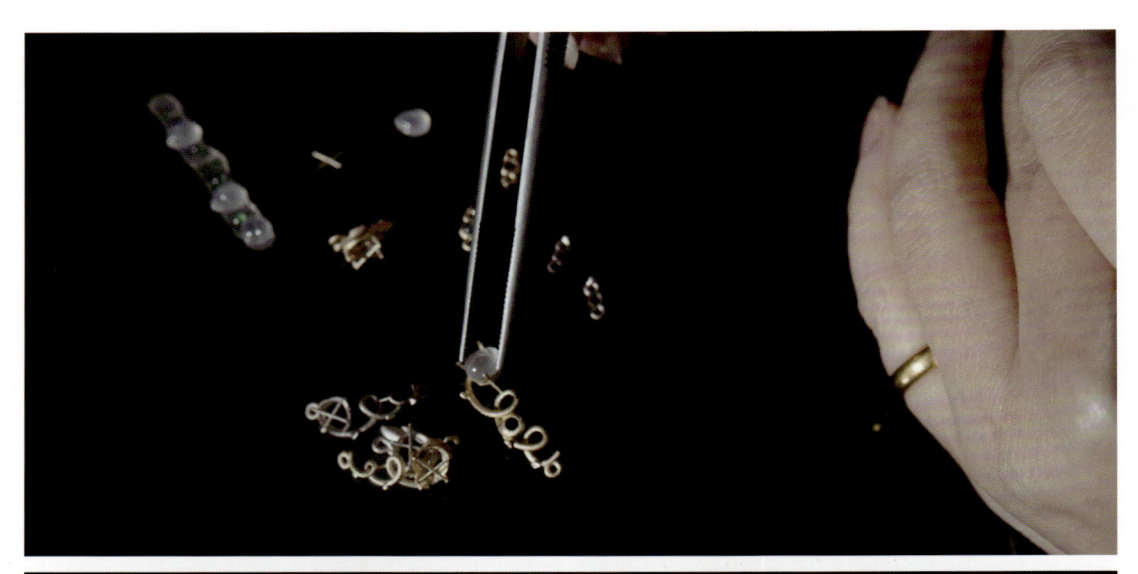

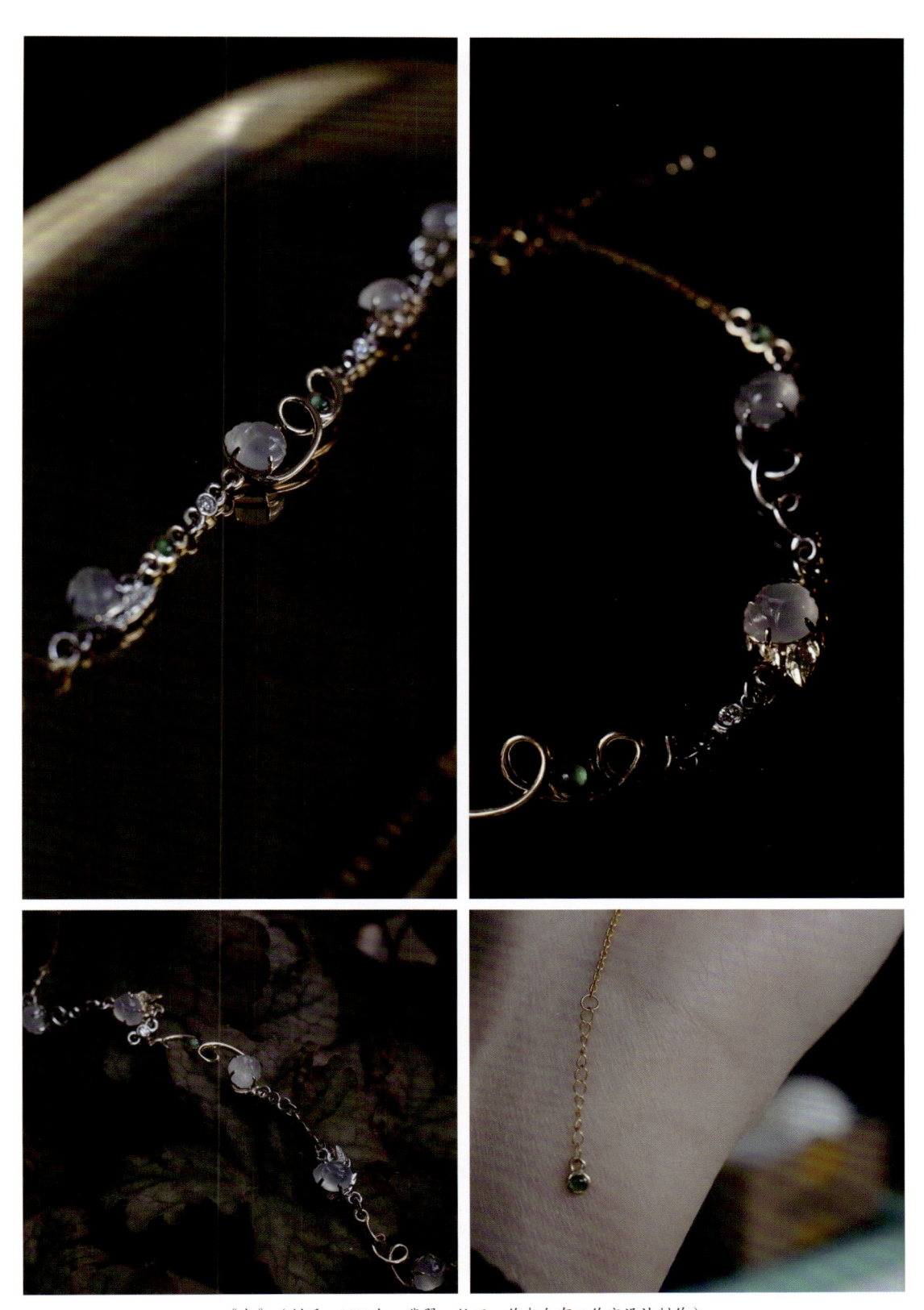

《春》（材质：18K金、翡翠、钻石，作者自有工作室设计制作）

7.6 袖扣

袖扣，作为一种集实用性与装饰性于一体的精致配饰，通常被佩戴在法式衬衫的袖口上。它设计有一个灵活的活动扣，使配饰能够轻松穿过衣物并稳固地固定在其上。在众多设计中，使用弹簧的结构较为常见，但此处所展示的款式则别具匠心：连接扣的地方采用了两条方形空心管作为轴，它们巧妙地连接在袖扣面和活动扣之间。这种设计在翻转扣子时会产生一定的阻力，确保在佩戴过程中扣子不会因过于松动而意外脱落。

当然，若采用单根圆柱形金属作为轴，同样能实现扣子的翻转功能。然而，由于缺乏阻力设计，这种情况下需要特别注意袖口布料的厚度，以确保扣子能够牢固固定，避免轻易脱落的尴尬情况。

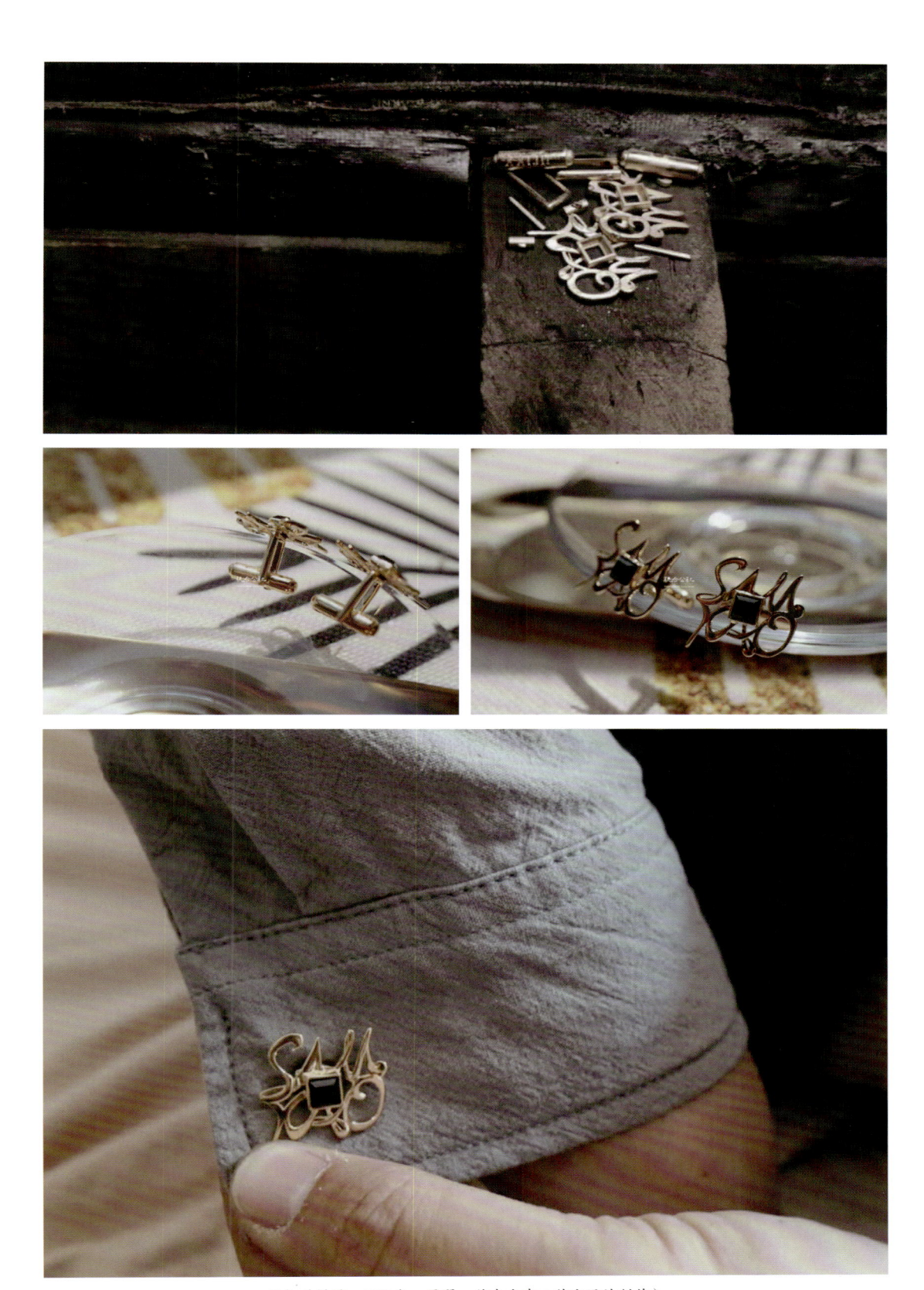

袖扣（材质：18K 金、墨翠，作者自有工作室设计制作）

将扣子与袖扣面之间的连接部分替换为链条，同样是一种可行的设计选择。这种变化不仅为袖扣增添了新颖独特的元素，还可能在视觉上带来更加灵动与时尚的效果。

7.7 手镯

　　金属手镯与玉石类手镯在设计上存在显著差异。玉石手镯通常采用完整的闭环设计，而金属手镯则更为灵活，既有开口式也有闭口式，此处主要以不同类型的开口手镯为例进行探讨。

　　传统的开口手镯多见于延展性优良的金属材质，如纯金或纯银。这类手镯的开口可以轻易调整至所需角度和大小，便于佩戴后再恢复原状。然而，其缺点在于，经过反复变形后，手镯往往难以仅凭手工恢复至原始形态。此外，由于金属材质较为柔软，且经常需要通过变形来取戴，因此这类手镯并不适合打造过于复杂的款式或进行宝石镶嵌（尤其是爪镶方式）。

　　在制作开口手镯之前，建议先绘制一份线稿，以精确确定图案的位置和比例，从而确保最终成品的美观与协调。

　　下图展示的是一款采用錾刻工艺的纯银镀金手镯。这类传统纯金或纯银手镯的设计简约而不失优雅，只需轻松调整开口大小，即可轻松佩戴，无须额外的复杂设计。其简约的风格与精湛的工艺相结合，展现出一种经典与时尚的完美融合。

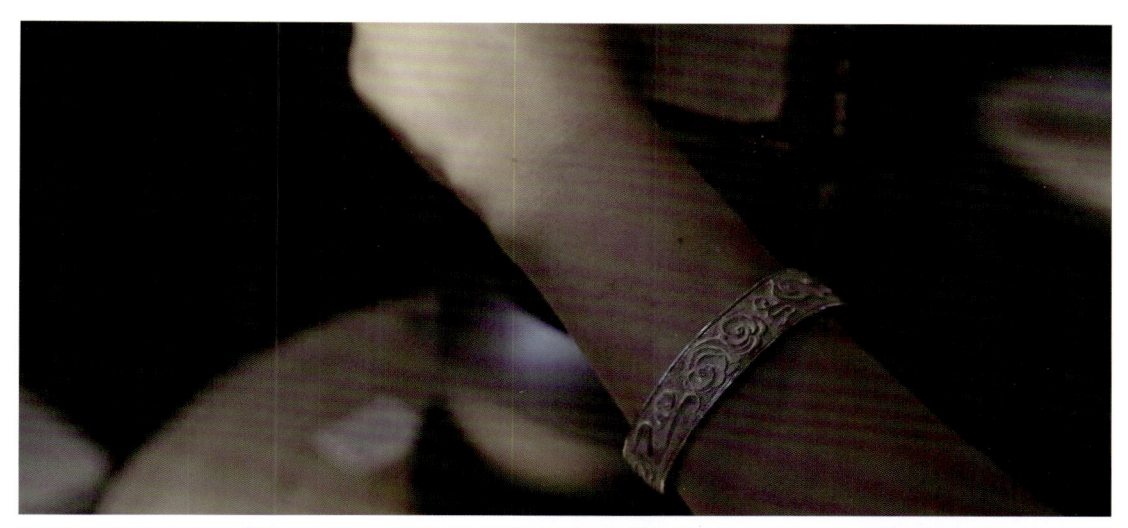

手镯（由作者精心设计制作，并得到了朝花惜拾工作室以及黄明建先生的宝贵指导与协助）

  一些特殊设计的开口手镯，在不安装开关装置的前提下，通常要求金属材质相对较厚或硬度适中。这样的设计使开口大小恰好能够让手镯在手腕最细处从侧面卡入，既便于佩戴又确保了稳固性。

  以一款经过改良的绿松石碎石镶嵌手镯为例，与传统市场上常见的将细碎绿松石填入图案凹槽的做法不同，这款手镯采用了整块绿松石与其他石材进行填充。由于融入了填石工艺，即使是纯金或纯银材质，也不再支持通过掰开的方式佩戴。相反，设计更注重保持手镯的形状稳定，以尽可能减少变形，从而确保宝石的镶嵌效果与手镯的整体美观。具体的制作流程如下。

1. 量取手腕尺寸，并根据所需长度使用压片机压片，精心挑选合适的材料。

2. 绘制好图案，并依据图案开始精细锯切。

3. 锯切完成后，选取一片稍长于已切片的片材进行焊接。由于手镯在首饰中属于大件，焊接过程中均匀受热较为困难。为确保焊接质量，推荐使用大火枪或同时使用两把火枪进行加热。

4. 焊接完成后，仔细打磨掉不整齐和多余部分。随后，将片材放置在制作手镯专用的木桩上，用木锤或胶锤轻轻敲打，使其贴合成手镯的形状（请务必避免使用铁锤，以免损坏材料）。

5. 根据锯切的形状挑选所需的石材，并将其打磨至与凹槽完全贴合。待全部石材填入后，再进行整体打磨和抛光，使手镯呈现完美的光泽。

《重叠空间》（材质：925银、绿松石、南红玛瑙、贝壳，作者自有工作室设计制作，磨石部分由采诺手作工作室制作，获中国瑞丽神工奖第五届首饰设计大赛最佳工艺奖）

18K 金镶嵌宝石类手镯通常采用开合结构设计，这种结构不仅能有效防止手镯变形，还能确保造型更加稳定。对于镶有宝石的款式或花纹、镂空较为复杂的手镯，推荐使用此类开合结构，以确保手镯的耐用性和美观性。

拆分结构主要由可以活动的三通结构、带有弹片的扣子以及保险扣构成。这种结构由计算机设计时贴合度较高，但弹片部分建议采用手工制作。因为失蜡浇铸后的金属未经过压片机的挤压和淬火处理，其弹力可能不足，实际使用效果往往不如手工制作的弹片好。

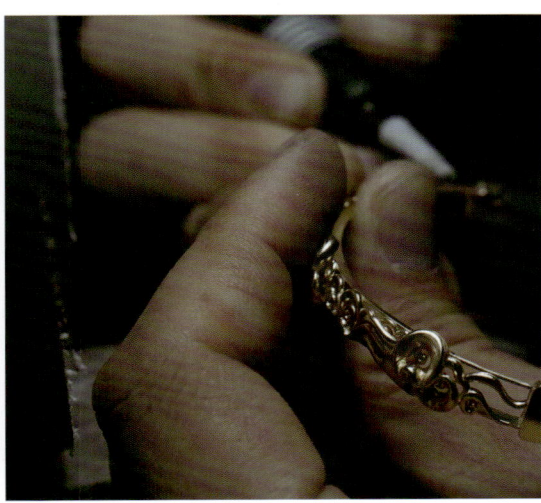

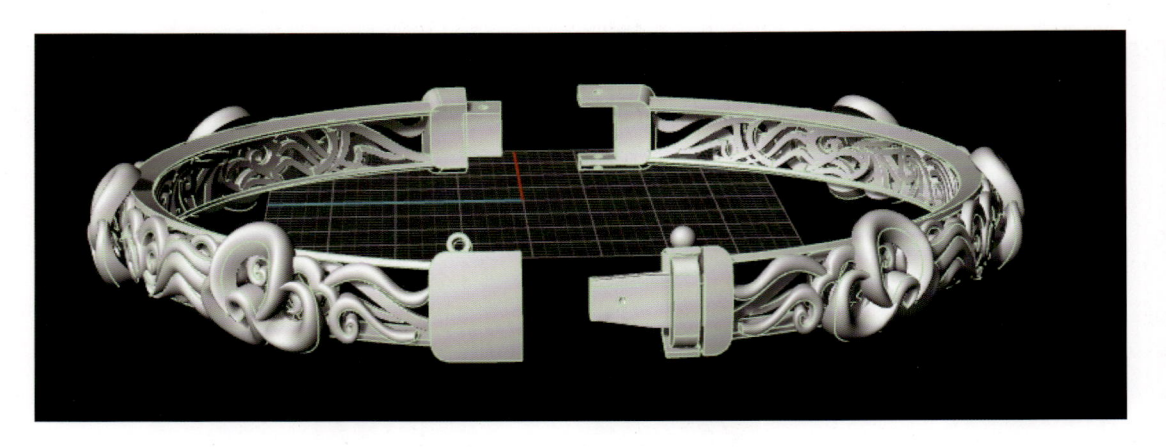

这款祥云镂空手镯设计精巧，分为内外两层，每一层都经过精心制作。最后，通过开合结构将两层巧妙组装并焊接完成。对于这类分层的镂空组件，务必在组装前将夹层进行执模和抛光处理，以确保最终成品的完美呈现。

手镯（材质：18K 金，作者自有工作室设计制作）

CHAPTER 8
设计作品赏析

1.《美人鱼的眼泪》

作品的创作灵感源于一句深情的歌词："美人鱼的眼泪是一个连伤心都透明的世界。"基于这一灵感，我们构思了整个作品的造型：一条娇小玲珑的美人鱼，紧紧拥抱着一颗璀璨的粉色钻石，安静地"坐"在晶莹剔透的水晶壳中央。这一设计旨在营造一个如梦如幻、透明清澈的童话世界。

传说中，美人鱼的眼泪能够化作珍贵的珍珠和钻石。这一神秘而美丽的转变，不仅象征着悲伤与困难的净化与升华，更寓意着每个人过去的经历和磨砺，最终都将转化为人生道路上的宝贵财富。这些经历，如同美人鱼的眼泪般晶莹剔透，熠熠生辉，在我们的未来之路上，照亮属于我们的那个世界，使之闪闪发光，璀璨夺目。

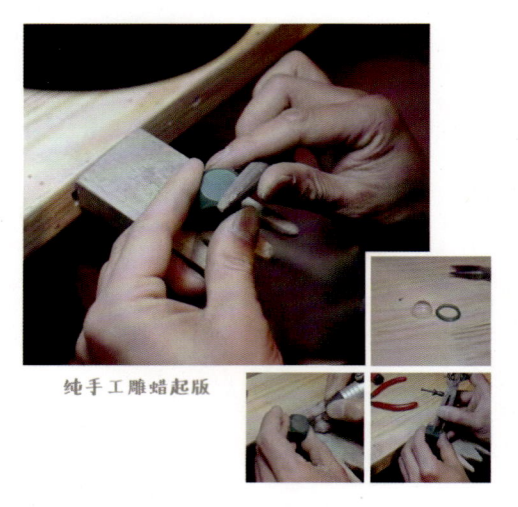

纯手工雕蜡起版

纯天然 纯手工 水晶盖

《美人鱼的眼泪》（材质：18k金、粉色钻石、彩色蓝宝石、水晶）

176

戒指的制作步骤主要依赖精湛的手工技艺。起版环节采用手工雕蜡的方式，确保每一个细节都经过精心雕琢。而水晶盖的打造更是融合了手工雕刻与抛光技艺，使成品呈现无与伦比的精致与光泽。值得一提的是，该作品曾在中国瑞丽神工奖第五届珠宝首饰设计镶嵌大赛中荣获金奖，其卓越品质与匠心独运的设计得到了业界的高度认可。

2.《海岸线》

蓝色与玫瑰色相互交织，勾勒出一条变幻莫测的海岸线，宛如仲夏傍晚的日落，将波光粼粼的海面映衬得愈发绚烂。鱼群不时跃出海面，又轻盈地回归大海的怀抱。在这宁静而壮丽的景象中，流苏轻轻摇曳，仿佛时间也在此刻静止，让人沉醉于这无尽的美丽与和谐。

每一根流苏都承载着匠人的心血与精湛技艺。手工拉丝的细腻质感，端头打出的 0.2mm 左右的精致细孔，再连接上小巧的环和链子，每一个细节都经过精心打磨。为了防止脱落，每一个开口的小环都需要单独进行焊接，确保流苏的坚固与耐用。这些匠心独运的设计，让流苏在摇曳中更添灵动与优雅。

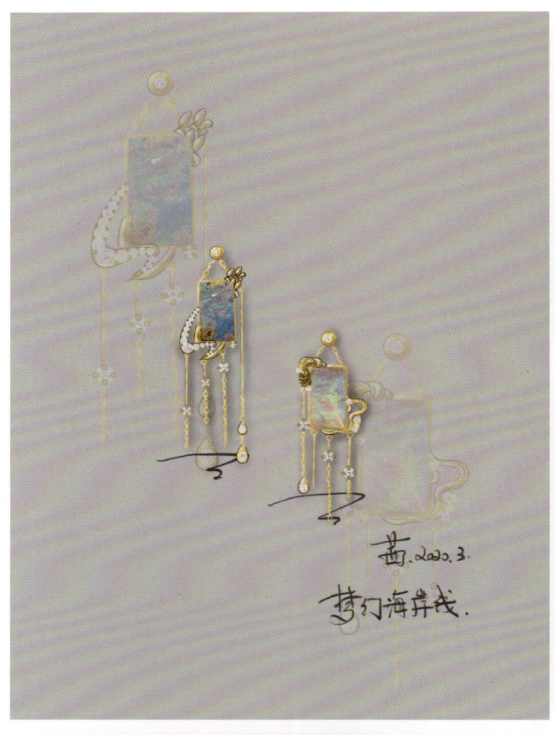

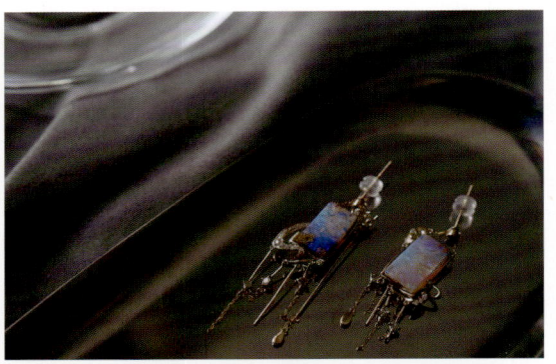

《海岸线》（材质：18k 黄金、欧珀、钻石）

这款耳环设计匠心独运，实现了多功能佩戴体验。耳钉部分与耳坠巧妙分离，不仅可各自独立佩戴，更能随心搭配，展现多样风采。耳坠的链条部分别出心裁地可绕至耳垂后方，为佩戴者带来全新而时尚的造型选择。

3.《天使》

　　本例是一位母亲为纪念宝宝诞生而精心设计的纪念戒指。戒指以小天使为灵感，展现其拥抱深邃海洋之心的温馨姿态。独特之处在于，小天使的翅膀呈现不完全对称之美，更添一份自然与灵动。主石重达 1 克拉，璀璨夺目，为了与整体设计比例协调，小天使的脸庞被精致打造，直径仅 2~3 毫米，尽显工艺之精湛。人脸造型对起版技术提出了一定要求，同时执模工艺也需要达到相当高的水准。最后，匠人还手工为翅膀内部增添细腻纹理，使整件作品更加生动逼真，充满艺术感。

《天使》(材质：18k 黄金、皇家蓝宝石、钻石、珍珠、红宝石)

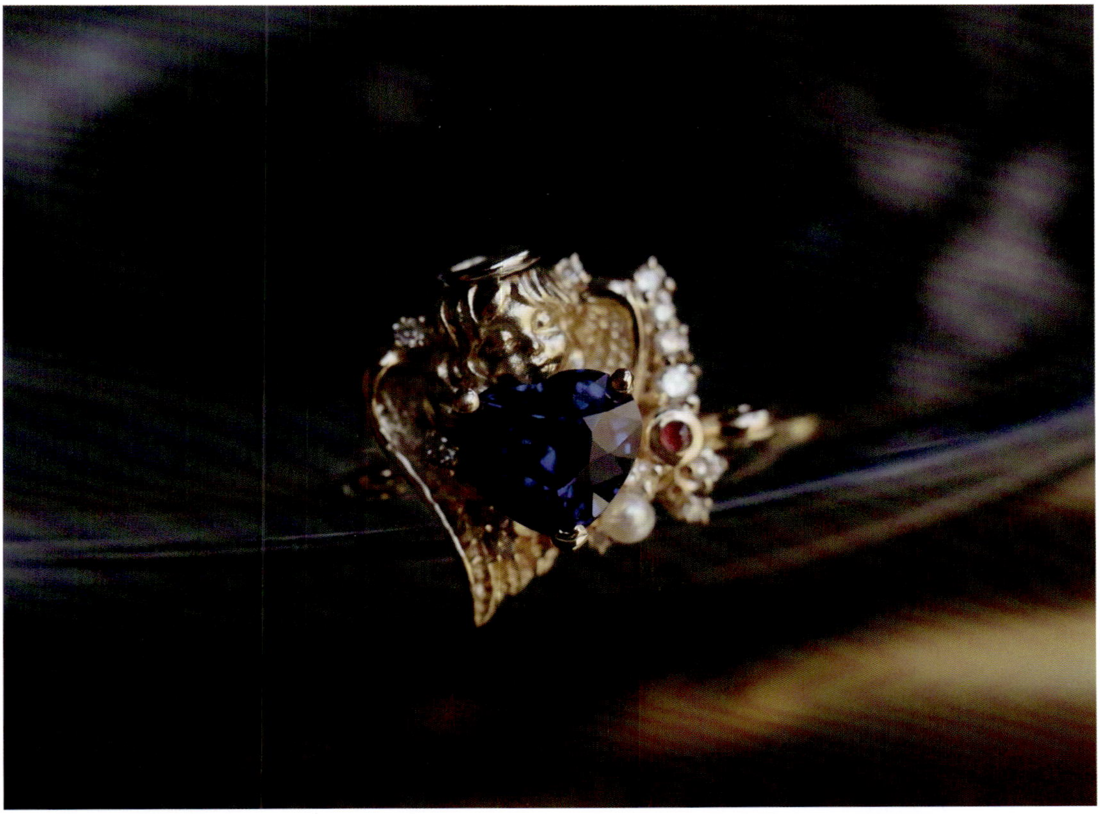

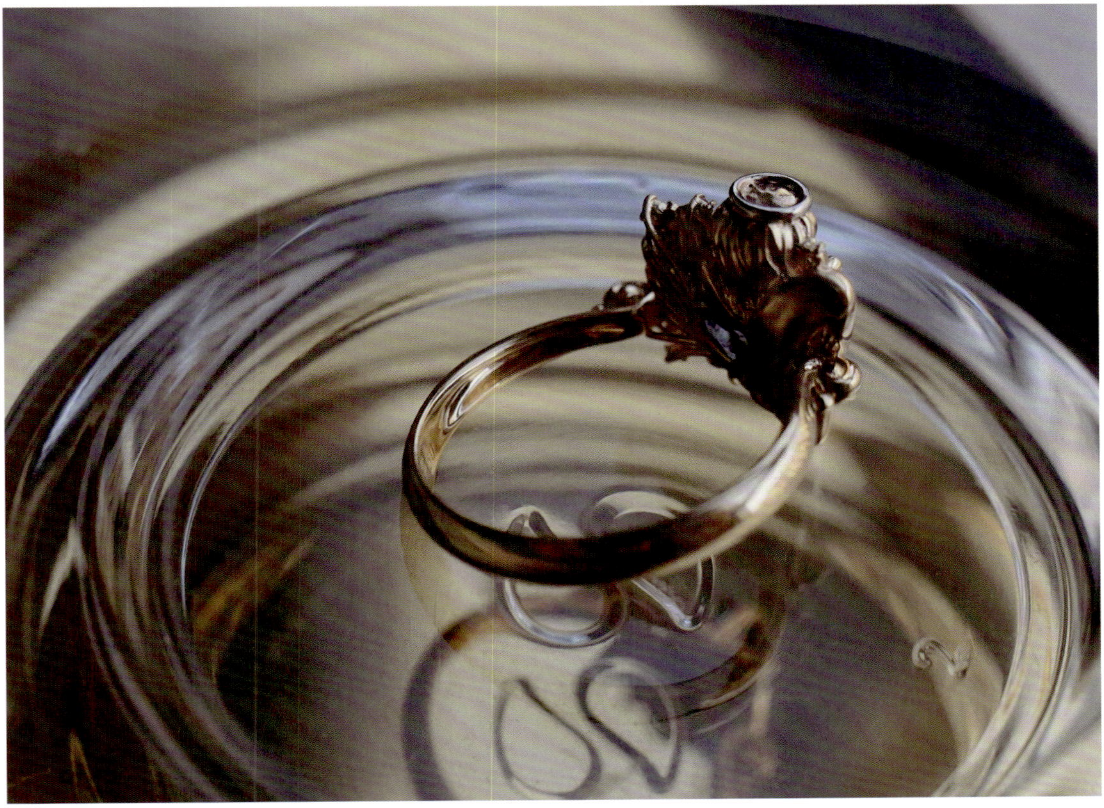

4.《鲸鱼》

　　它名为 Alice，一只叫声在 52 赫兹独特频率的鲸鱼。在鲸鱼的世界里，正常的叫声频率范围在 15~25 赫兹，因此，其他鲸鱼都无法捕捉到它的声音，仿佛它是一个沉默的存在。然而，广阔无垠的大海却能够倾听它发出的每一个音符，感受它的每一次情感波动。

　　正如"每一座孤岛都被深海拥抱，每一颗星星都与银河相交"，尽管 Alice 在鲸鱼群中显得与众不同，但它并不孤独。深海理解它，星空陪伴它，它的存在本身就是一种美丽的奇迹。

　　我们每个人也都是如此，都是宇宙中独一无二的存在。我们不应该害怕孤独，因为总会有人在未来等待着与我们同频共振。希望每个人都能勇敢地做自己，发出属于自己的声音，无论那声音是多么的不同，都值得被尊重和珍视。

翡翠经过精湛的雕刻与打磨，从原石华丽变身为一条栩栩如生的鲸鱼。其造型生动，仿佛正奋力跃出海面，穿透云层，与皎洁的月光交相辉映，营造出一幅梦幻般的画面。而这件艺术品的金属起版，更是采用了传统的手工雕蜡技艺，每一处细节都凝聚了匠人的心血与巧思。

《鲸鱼》（材质：18k金、翡翠、钻石、珐琅）

5.《平安》

对于我们及心爱的人而言，平安虽看似简单，却是最真挚且美好的祝愿。为了体现这份深情，我们选用高冰种翡翠，利用其通透的特质，在背面精心雕刻"平安"字样，使佩戴时从正面也能隐约窥见这份祝福。

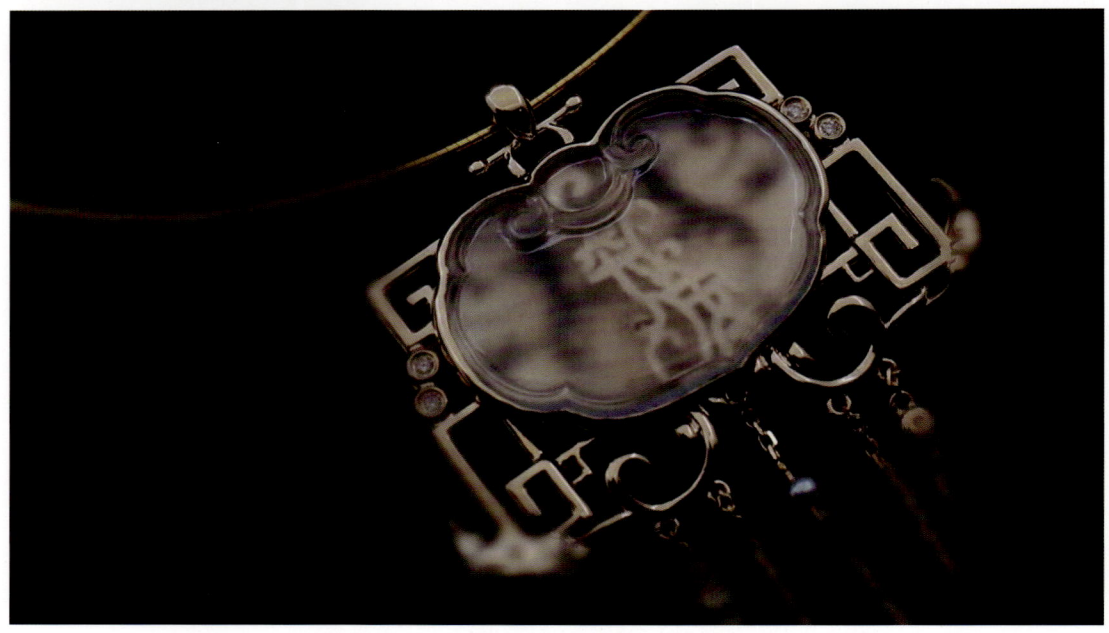

《平安》（材质：18k金、翡翠、钻石、珍珠，曾获2020第十四届中国神工奖银奖）

此外，作品的下方被巧妙地设计成了一个小盒子，它不仅可以作为装饰品，更能够容纳香氛或心爱之人的照片等珍贵物品，从而增添了作品的实用功能和深厚的情感价值。整体造型则汲取了中国古代纹样的精髓，与平安锁的经典造型相互呼应，完美融合了古典的雅致和现代人的真挚情怀。

6.《一半海水一半沙漠》

　　大自然的美,既神奇又浩瀚,令人心驰神往。当沙漠与海洋共存的壮丽景象映入眼帘,那幅画面便深深烙印在我的心海,挥之不去。清新的蓝色,仿佛是海水扑面而来的凉爽气息,沁人心脾;而温暖的橘粉色,则像是沙子在阳光下散发的热度,热情似火。这两种截然不同的元素,却在此刻和谐共存,展现出一种包容与美的力量,让人感受到大自然的神奇与魅力。

《一半海水一半沙漠》(材质:18k金、海蓝宝、摩根石、钻石,实物由于长度需要与设计图有所出入)

187 ▶

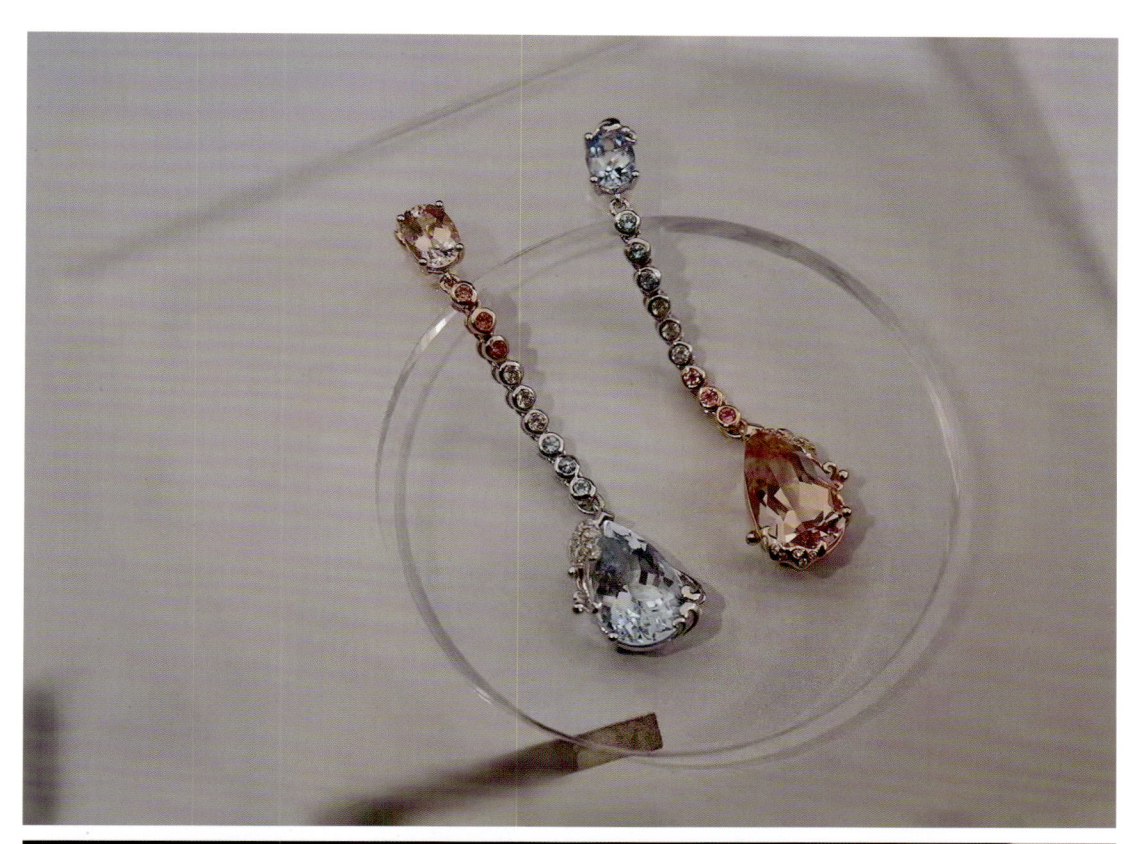

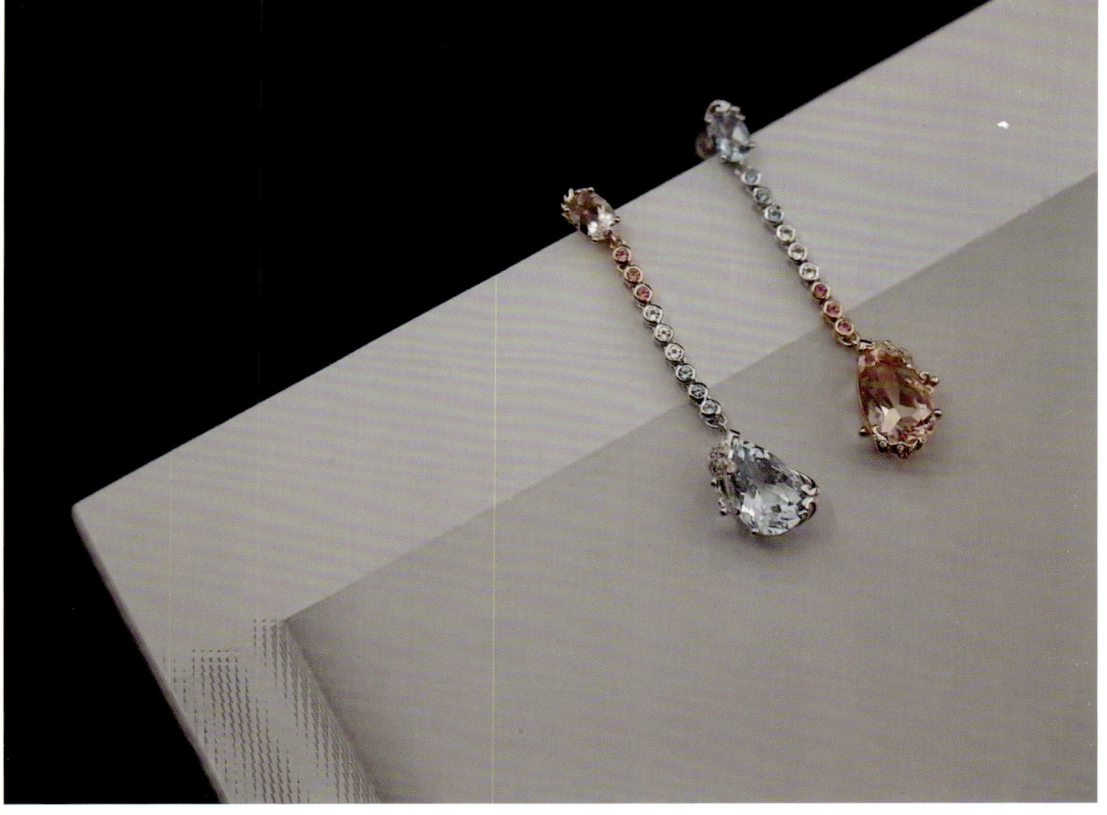

7.《追赶日月，不苟于山川》

　　拥有主石的友人钟爱龙与狼的题材，并构想出一款富有史诗感的戒指。在这款戒指中，一条金色带翅膀的龙象征着白昼，龙身蜿蜒，仿佛在阳光下翱翔。主石旁巧妙镶嵌着太阳纹样，黄钻配石熠熠生辉，如同烈日当空。而龙身周围的纹样则以火焰为主，跳跃的火苗彰显了龙的威严与力量，也代表着白昼的炽热与活力。

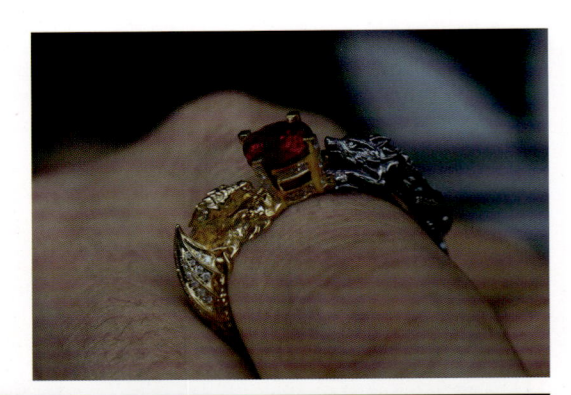

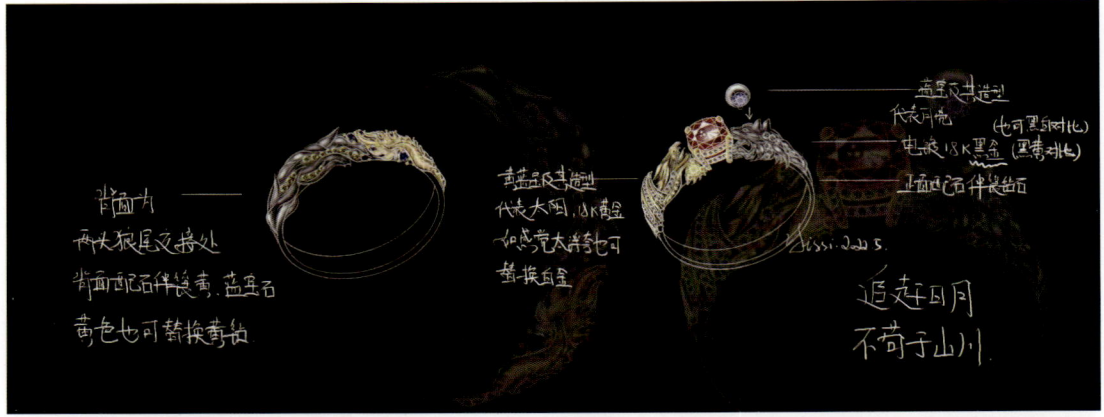

《追赶日月，不苟于山川》（材质：18K 金 / 无烧鸽血红宝石（2.29ct）/ 蓝宝石 / 钻石（黄、白两色））

与龙相对应，电镀黑金色的狼则代表着黑夜。狼身矫健，目光犀利，仿佛正凝视着深邃的夜空。主石另一侧镶嵌着月亮纹样，蓝宝石配石静谧而神秘，宛如夜空中最亮的星。狼身边的纹样以星星为主，点缀在夜空之中，宛如银河洒落，为黑夜增添了无尽的遐想。

　　这款戒指以昼夜交替为设计灵感，不仅展现了龙与狼的力量与美，更蕴含着生命的哲理。在昼夜更迭中，我们体会到生命的节奏与韵律，也感受到时间的流转与岁月的变迁。愿佩戴者能在这款戒指的陪伴下，日复一日地坚持和追寻自己的梦想，勇往直前，不畏山川之险，追赶日月之光。

读者服务

读者在阅读本书的过程中如果遇到问题，可以关注"有艺"公众号，通过公众号中的"读者反馈"功能与我们取得联系。此外，通过关注"有艺"公众号，您还可以获取艺术教程、艺术素材、新书资讯、书单推荐、优惠活动等相关信息。

扫一扫关注"有艺"

投稿、团购合作：请发邮件至art@phei.com.cn